Operating Rules of Mega Reservoirs
and Uncertainty Analysis

水库群调度规则
及其不确定性研究

◎周研来 李立平／著

长江出版社
CHANGJIANG PRESS

图书在版编目（CIP）数据

水库群调度规则及其不确定性研究 / 周研来，李立平著.
武汉：长江出版社，2024. 9. -- ISBN 978-7-5492-9797-9

Ⅰ．TV697.1

中国国家版本馆 CIP 数据核字第 2024KR3562 号

水库群调度规则及其不确定性研究

SHUIKUQUNDIAODUGUIZEJIQIBUQUEDINGXINGYANJIU

周研来 李立平 著

责任编辑：	高婕妤	
装帧设计：	蔡丹	
出版发行：	长江出版社	
地　　址：	武汉市江岸区解放大道 1863 号	
邮　　编：	430010	
网　　址：	https://www.cjpress.cn	
电　　话：	027-82926557（总编室）	
	027-82926806（市场营销部）	
经　　销：	各地新华书店	
印　　刷：	武汉邮科印务有限公司	
规　　格：	787mm×1092mm	
开　　本：	16	
印　　张：	9.25	
字　　数：	192 千字	
版　　次：	2024 年 9 月第 1 版	
印　　次：	2024 年 9 月第 1 次	
书　　号：	ISBN 978-7-5492-9797-9	
定　　价：	58.00 元	

前 言

随着我国社会和经济的快速发展,水资源的供需矛盾日益严重,而水库作为调蓄径流过程和调节水资源时空分配的重要工程措施,在防洪和兴利等方面发挥了巨大作用,可有效地缓解供需之间的矛盾。在"十四五"国家重点研发计划课题"水工程协同联合水资源调度技术"(2021YFC3200303)及新世纪优秀人才支持计划"水库(群)调度规则的形式及合成研究"(NCET-11-0401)等项目资助下,通过开展对冲规则在梯级水库中的应用研究、降雨集合预报信息在梯级水库优化运行中的应用研究、梯级水库群调度规则合成研究以及梯级水库调度规则的不确定性分析研究等工作,撰写《水库群调度规则及其不确定性研究》。主要研究成果如下。

1)建立了多目标梯级水库对冲规则提取优化模型。将用于供水调度的对冲规则应用于梯级发电水库调度中,采用能量聚合制定对冲规则,为防止梯级水电站运行过程遭遇持续性破坏和制定梯级水库中长期发电计划提供了实现途径。

2)建立了考虑降雨集合预报信息的随机性梯级水库优化调度模型。以流域未来降雨集合预报信息为基础,分别采用径流集合预报的区间值和贝叶斯模型平均方法的合成值开展随机动态规划模型优化求解,可以一定程度地降低预报的不确定性。

3)建立了发电水库调度规则的合成模型。通过构建基于贝叶斯模型平均方法的调度规则合成模型,可提供调度结果的综合不确定信息,将传统单一水库调度规则的点决策转换为区间柔性决策,为实际调度提供更多有用信息。

前 言
PREFACE

4) 建立了梯级水库调度规则的参数不确定性分析理论框架。基于确定性优化调度模型，采用线性回归和贝叶斯模拟技术开展梯级水库调度规则的参数不确定性研究，得到的调度区间可为实际调度提供更多的替代性选择。

本书是在李立平的博士论文基础上撰写完成的，得到了导师武汉大学郭生练教授和刘攀教授的悉心指导，在此表示衷心感谢！本书由周研来教授负责统稿，在书稿整理过程中，长江水利委员会陈桂亚正高，长江水利委员会水文局王俊正高、郭海晋正高、徐高洪正高、徐长江正高，武汉大学水利水电学院熊立华教授、陈华教授、刘德地教授、陈杰教授、程磊教授及水问题研究中心各位同门给予许多帮助，在此一并表示敬意和感谢！

本书撰写过程中，参阅和引用了不少国内外文献和资料，作者对所列公开发表参考文献的作者表示感谢，对未能列出的其他参考文献和资料的作者也一并致谢，并敬请谅解！

由于作者水平有限、时间仓促，书中难免存在疏漏之处，欢迎读者和有关专家对书中存在的不足进行批评指正。

作　者
2024 年 8 月

目 录

CONTENTS

第 1 章 绪 论 ………………………………………………………………… 1

1.1 研究背景及意义 ………………………………………………… 1

1.2 国内外水库调度理论方法综述 ……………………………… 2

1.2.1 国内外水库调度重要论著 ……………………………… 2

1.2.2 水库调度规则综述 ………………………………………… 3

1.2.3 水库调度优化算法综述 ………………………………… 4

1.3 水库调度规则提取研究进展 ………………………………… 8

1.3.1 模拟调度方法 ……………………………………………… 8

1.3.2 显随机优化框架提取调度规则 ……………………… 9

1.3.3 隐随机优化框架提取调度规则 ……………………… 10

1.4 研究对象和内容 ……………………………………………… 16

1.4.1 研究对象 …………………………………………………… 16

1.4.2 研究内容 …………………………………………………… 19

本章参考文献 ……………………………………………………… 21

第 2 章 对冲规则在梯级水库中的应用研究 ……………………… 39

2.1 引言 ……………………………………………………………… 39

2.2 优化模型和计算流程 ………………………………………… 40

2.2.1 研究思路 …………………………………………………… 40

2.2.2　对冲规则简介 ··· 40

2.2.3　确定性多目标优化调度模型 ····························· 42

2.2.4　优化算法 ··· 45

2.2.5　潜在出力 ··· 47

2.2.6　预报误差 ··· 47

2.2.7　评价指标 ··· 48

2.3　实例研究 ··· 48

2.3.1　常规调度 ··· 48

2.3.2　对冲规则提取 ··· 50

2.4　方案改进及结果分析 ··· 53

2.4.1　对冲规则与常规调度方案 ······························· 53

2.4.2　NSGA-Ⅱ和PSO对比 ··· 55

2.5　本章小结 ··· 56

本章参考文献 ··· 56

第3章　降雨集合预报在梯级水库优化调度中的应用研究 ··············· 59

3.1　引言 ··· 59

3.2　考虑降雨集合预报的径流预测 ······································· 60

3.2.1　降雨集合预报获取 ··· 60

3.2.2　流域水文模型 ··· 61

3.2.3　降雨集合预报使用 ··· 65

3.3　随机性水库优化调度模型 ··· 65

3.3.1　目标函数 ··· 65

3.3.2　约束条件 ··· 65

3.3.3　模型求解 ··· 66

3.4　实例研究 ··· 67

3.4.1　流域概况 ··· 67

3.4.2 降雨集合预报数据分析 ················· 67

3.4.3 水文集合预报结果及分析 ················ 70

3.4.4 随机性水库优化调度结果 ················ 73

3.5 本章小结 ··························· 76

本章参考文献 ··························· 77

第4章 梯级水库群调度规则合成研究 ············· 80

4.1 引言 ···························· 80

4.2 研究思路和方法 ······················ 81

4.2.1 研究思路 ······················· 81

4.2.2 研究方法 ······················· 81

4.3 实例研究 ························· 87

4.3.1 常规调度 ······················· 87

4.3.2 确定性优化调度 ···················· 88

4.3.3 人工神经网络 ···················· 88

4.3.4 遗传规划 ······················· 93

4.3.5 调度规则合成研究 ·················· 102

4.4 本章小结 ························· 107

本章参考文献 ························· 107

第5章 梯级水库调度规则的不确定性分析 ·········· 111

5.1 引言 ··························· 111

5.2 水库调度规则的柔性决策 ················· 112

5.2.1 隐随机调度与水文模型的类比 ············ 112

5.2.2 确定性调度模型 ·················· 113

5.2.3 水库优化调度规则 ················· 114

5.2.4 基于贝叶斯理论的不确定性分析技术 ········ 117

5.3 实例研究 ··· 119

  5.3.1 确定性优化调度结果 ·································· 120

  5.3.2 线性规则调度结果 ···································· 121

  5.3.3 调度规则不确定性分析 ································ 122

  5.3.4 方法应用 ·· 132

5.4 本章小结 ··· 133

本章参考文献 ··· 133

第6章 结论和展望 ··· 137

6.1 结论 ··· 137

6.2 展望 ··· 139

第 1 章 绪 论

1.1 研究背景及意义

随着我国经济和社会的迅速发展,能源需求量日益增加,能源短缺以及能源与环境的矛盾已经成为当今社会可持续发展的重要难题。按照目前开采速度,传统的化石燃料难以满足经济社会的可持续发展,同时带来严重的环境恶化问题。相比其他各种新型能源(如风电、生物能等)的开发技术不够成熟或者开发代价高,水电因其可再生、成本低廉、易于开发利用,越来越受到国家能源发展中的重视。"十二五"规划纲要颁布之初,我国电力能源发展规划明确将水电的发展放在电力发展的首位。2007 年,国务院办公厅《节能发电调度办法(试行)》(国办发〔2007〕53 号)条例,为水电发展提供了机遇[1]。

我国水电蕴藏量为 6.94 亿 kW,居世界第一位,其中技术预计可开发装机容量为 4.02 亿 kW。虽然目前我国已建成约 8.8 万座水库,总装机容量也已达 2 亿 kW,占技术可开发装机容量的 36%,但与世界平均水平 60% 相比,仍有一定差距。作为水电站优化运行管理的重中之重,水库群优化调度会提高水库群的发电量,增加经济效益(增发电能或节约耗水)1%~3%,这也是大家共同认可的事实。对于像我国这样的水电大国而言,增加的该部分效益是非常可观和十分有意义的,有利于缓解日益突出的能源供需矛盾。

受制于管理水平的不够成熟,很大一部分水库不能充分发挥在设计之初的功能,即使在美国这种水库调度技术较为成熟的国家,也仍然存在这种现象。三峡梯级与清江梯级是湖北省区域性巨型水库群,总装机容量约 2800 万 kW,年均发电量达 1100 亿 kW·h,是世界上最大的巨型混联水电站群。如此规模庞大的水库群优化调度运行涉及领域众多、难度巨大,无论国内还是国外,都没有先例,给大型梯级水利水电工程运行带来严峻挑战。梯级水库群的合理调控是今后更大范围和更高层次上水电工程实际运行和人水和谐发展的基础和前提条件,也是水库群发挥最大效益所必需的。同时随着我国十三大水电基地陆续进入规划设计、建设、投产阶段,水电能源系统的成分、结构与功能也日趋复杂。水电能源系统如何通过合理优化的运行调度,提高电能质量、更大程度地发挥清洁能源的优势,成为一个具有重大现实意义的课题。

对于水库中长期优化调度问题,常采用调度函数和调度图等水库调度规则形式,但这些形式以经验为主,理论依据薄弱,特别对于水库群调度尚无通用的调度规则形式。因此,研究水库(群)调度规则形式,以解决水库调度规则的不确定性,是国内外水库调度研究的重点和难点问题。本书以水库隐随机调度中的调度规则为研究对象,以解释、识别以及挖掘水库调度规则形式为主线,最终对多个水库调度规则进行合成,采用理论分析、遗传规划、贝叶斯模型平均理论等技术开展水库调度规则形式的识别及合成研究,建立适合水库(群)调度规则形式决策技术,提出稳健、可靠的水库(群)调度规则形式,为实际调度提供科学依据和技术支撑,对湖北省内清江梯级和三峡梯级大型水电站群联合优化调度问题展开相关研究。

1.2 国内外水库调度理论方法综述

1.2.1 国内外水库调度重要论著

水库是制定水资源管理计划,实现水资源优化调配的重要手段之一[2-3]。1946年,Massé[4]最早在水库调度中引入了优化概念,1955年Little[5]首次将马尔科夫过程和动态规划理论相结合,并将该理论应用于水库优化调度,使用数值解进行验证,模拟运行效果良好。1962年美国哈佛大学的水资源大纲[6]发布,标志着水资源规划及管理科学研究体系的形成。水库调度已被国内外众多学者广泛研究和总结(如 Yeh[7],Simonovic[8],Wurbs[9],Labadie[10],Rani and Moreira[11]),水库调度仍然是一个复杂而难以解决的难题,例如调度中出现的维数灾问题(可用动态规划解决)、入流的不确定性(Yeh[7])等。从20世纪60年代至今,国内外学者编著的重要的水库调度论著如下:《动态规划与马尔科夫过程》(*Dynamic Programming and Markov process*)[12]、《水资源系统设计》

(*Design of water resource systems*)[6]、《水资源系统管理与分析》(*Water Resource System Planning and Analysis*)[13]、《水库系统运行模拟与分析》(*Modeling and analysis of reservoir system operations*)[14]、《水库优化：水库可靠性的新模型》(*Optimizing reservoir resources：including a new model for reservoir reliability*)[15]、《水库控制运用》[16]、《优化理论在水库调度中的应用》[17]、《水电能优化管理》[18]、《水电系统最优控制》[19]、《水资源系统分析指南》[20]、《水库群调度与规划的优化理论和应用》[21]、《水库模糊优化调度》[22]、《多目标决策理论方法与应用》[23-24]和《水资源系统工程》[23-24]、《水库调度综合自动化系统》[25]、《水资源系统优化规划和调度》[26]、《水电站水库运行与调度》[27]等。这些论著系统地介绍了水库（群）常规与优化调度的基本原理和方法，水库（群）调度规则的提取与应用以及各种数学理论，如（非）线性规划、动态规划、人工智能方法等在水库优化调度中的应用进行了详细总结和介绍。

1.2.2　水库调度规则综述

为了解决入流的不确定性问题，通常使用隐随机优化调度方法，挖掘水库的中长期优化调度规则来指导水库按照最优调度轨迹运行[28]。使用水库优化调度规则可根据水库当前所处状态（入流和当前库容）很容易决定水库当前时段的调度方式（蓄水或者放水）。Koutsoyiannis 和 Economou[29]指出水库优化调度规则的提取是在隐随机优化的框架中，可以先通过分析隐随机优化调度结果，使用拟合或者参数模拟优化的方法进行调度规则的提取。Young[30]指出：拟合的方法旨在通过对最优水库调度轨迹（出力或者出流）的模拟，使用确定性的优化方法优化得到水库最优运行过程，此时水库的入流为历史实测值或者通过模拟的方法得到。与通过拟合得到优化调度规则不同，参数模拟优化方法事先确定调度规则的形式，但是调度规则同关键参数关系密切，调度规则形式中的关键参数是未知的，随着参数的改变，调度规则也发生变化，此时就可以使用非线性的优化方法去对参数进行寻优，进而得到优化后的水库调度规则[31,11]。在调度规则的挖掘过程中，调度规则的形式非常难以确定，这主要是因为调度规则的形式缺乏必要的物理成因分析。Simonovic[8]分析指出水库优化调度难以用于实际调度当中。Labadie[10]综述了水库群调度的理论和方法，还讨论了进化算法在水库调度中的应用。

调度规则通常包括线性调度函数[32-35]、常规调度图[36-40]、非线性调度函数，如人工神经网络函数[41-44]、模糊函数[45-49]、决策树方法[50-51]，水库群联合调度运行规则有蓄放水判别式法[52]和库容效率法[53]等。水库调度规则[54]是指导水库运用决策的有效途径，这些方法和理论已被用于单个或者多个水库优化调度当中。目前主要存在如下问题：由于未来水文情形的随机性，采用历史水文资料绘制的水库常规调度图有其局限性[55]，此外，水库常规调度图不能考虑面临时段的预报，利用的调度信息十分有限[56]，难以达到整体最优，不能实现水资源的充分利用，且不便于处理复杂的水库调度问题。线性调度规则的效果较差，非线性调度规则通常能更好地表示水库优化调度过程[57,31]。但是求得的调度函数也不能充分表示决策变量与自变量间复杂的非线性关系[58]。近年来，新兴的数据挖掘方法，尤其是人工智能理论，逐渐用于水库调度函数的挖掘研究中，为水库调度规则的提取提供了新思路[59]。但通常所得的优化调度规则都是"隐含"在这些方法理论当中，决策者不便于使用。

基于上述问题，国内外学者开展了一系列改进研究，如 Li 等[60]采用遗传规划算法，挖掘大规模混联水库群的显式调度规则，分析调度规则的形式；通过对单一或者水库群调度图的优化来克服传统调度图未考虑预报信息和难以达到全局最优问题[61-65]。

1.2.3 水库调度优化算法综述

1.2.3.1 线性规划法

线性规划[66-73]是数学规划中的一种，同时也是运筹学求解方法的重要部分，自 20 世纪 30 年代产生以来，在实际应用中得到较好的发展，有着成熟和通用的方法及程序，应用广泛。线性规划可以应用于针对水库调度问题建立的确定性线性规划模型，并对模型进行求解；其后又发展成了随机线性规划模型。然而，一个复杂的水电能源系统优化问题，其目标函数和约束条件往往都是非线性的，经线性化处理后会产生较大误差；且随着所求问题规模的扩大导致求解困难，因此线性规划在水库群优化调度中的应用受到了一定的限制。

1.2.3.2 非线性规划法

非线性规划[74-80]是应用最广泛、最普遍的数学规划方法之一，在求解水库群优化调度问题时不需离散，不会产生维数灾，因而在实际中可以得到大量运用。本质上,水库调度的目标函数和约束条件都具有非线性的特征,因此从理论上讲,应用非线性规划求解水库调度问题是最合适的,然而非线性规划在水库调度中的应用并不广泛,原因主要有以下 3 条:①优化速度慢,占用内存大;②没有适合一般问题的通用算法;③不能显性地考虑入流的随机性。但当今社会科学技术迅猛发展、计算机的广泛应用以及大规模多目标优化理论的发展,将使非线性规划在水资源系统优化问题中逐步得到重视。

1.2.3.3 动态规划法

20 世纪 50 年代 Bellman[81] 通过将多阶段的决策转换为多个两阶段过程,同时基于此提出动态规划概念。很快动态规划就被引入求解水库优化调度问题,即采用划分时段的方法将水库调度从最优控制过程转化为多阶段决策过程,从而建立适合动态规划法求解的优化模型。根据动态规划在水库优化调度中的应用,可分为随机性动态规划模型和确定性动态规划模型。

Little[5] 按两周为一时段建立了水库优化调度随机动态规划模型,并将其应用于求解美国大古力电站水库调度问题,通过其优化可以多出 1% 的发电量。Young[30] 建立了水库优化调度确定性动态规划模型。Turgeon[82] 以发电量最大为目标,使用逼近法解决了并联水库群的 ISP 模型,并取得了良好的实际结果。

随机动态规划模型以年为周期循环产生大量的径流进行计算能较好地反映径流的实际特点,相对于确定性动态规划而言,得到的优化运行策略更为稳定,但由于随机产生的径流系列随水库数目的增多,计算量呈线性增长,使得问题难以解决;对于确定性动态规划模型来说,虽然入库径流是确定的,计算量相对较少,但由于"维数"的增长与水库数目成指数关系,因此当水库数目较多时仍会遇到"维数灾"。为克服这一主要缺点,国内外学者提出不少改进方法进行降维。

首先的思路就是降维思想,通过将多维问题转化为多个简单子问题,动态规划逐次逼近法[83—86](Dynamic Programming Successive Approximation,DPSA)是一个较好的方法,此时维数的增长仅与水库数目成线性关系,对于求解库群优化调度问题有着其显著的优越性。20 世纪 70 年代该方法得到一些国外学者的运用,取得了成功。王金文等[87]采用逐次迭代逼近的思想建立了库群优化调度模型,以福建省闽江流域水电系统为例进行了实例应用。胡名雨和李顺新[88]用变步长逐次逼近的动态优化法求解了三峡水库短期优化调度问题。

逐次优化算法[89−93]（Progressive Optimality Algorithm，POA）是指通过阶段转化，将多阶段转换为二阶段，通过对每个二阶段的优化，最终得到最优解。该方法的收敛问题已经得到证明。与 DPSA 一样，POA 在用于求解库群优化调度问题时能有效地进行降维。张勇传[18]提出利用 SEPOA 方法来分析优化调度中最优解唯一性问题，在进行问题分析时充分考虑水库自身特性。离散微分动态规划法[94−100]（Discrete Differential Dynamic Programming，DDDP）同POA 相似，但不是通过阶段转换，而是通过逐步缩小迭代半径，以求最终收敛到最优解，解决"维数灾"问题。

增量动态规划法[101−104]（Incremental Dynamic Programming，IDP）也是一种迭代寻优方法。董子敖[21]等在混联水库优化调节与补偿调节的多目标多层次模型中应用增量动态规划法对水库群进行单目标优化。王双银和刘俊民[105]建立了综合利用水库兴利调度的二次优化模型，并采用 IDP 法进行了求解。

无论是 POA、DPSA、DDDP 还是 IDP，都是通过逐步迭代的方法解决当应用 DP 法对水库群联合优化调度时所产生的"维数灾"问题。大量的研究工作表明，这些方法对于一些高维问题能有效地减少计算量、提高计算效率，但无论是哪种算法，都需要对收敛性进行更深入研究。

1.2.3.4　大系统分解协调法

该方法的基本思路是将复杂大系统分解成多个独立子系统，形成递阶结构形式，先对各个系统求最优解，然后根据大系统的总目标，使各子系统相互协调起来，以获得整个大系统的全局最优解。Mesarovic[106]首次精确描述了Lagarange 乘子理论，并提出了大系统优化的分解协调算法。Turgeon[107]通过随机动态规划将聚合分解理论应用于大规模水力发电系统，将系统的潜在能量并非水库库容作为状态变量，去处理水电站出流和发电量之间复杂的非线性关系。Turgeon[82]将一个大系统分解为 M 个水库及 M 个子问题并且表明计算时间随着系统中 M 值的变大成线性增加。针对 6 个水电站组成的水库群短期优化调度问题建立了聚合—分解模型，通过多次聚合分解将多维状态变量转化为多个二维状态变量。Valdés 等[108]将聚合理论应用水力发电系统，用能量的方式并非水量的方式将发电聚合，从水库群月调度规则中提取日调度规则表明分解方法同时间和空间因子有很大关系。Saad 等[109]在分解过程中引入神经网络方法，能更好地解释系统变量之间的非线性关系。Oliveira 和 Loucks[34]表明聚合方法在供水系统的决策中十分有效。Lund 和 Guzman[55]通过理论分析,将此方法分别应用于并联和串联水库中,结果表明,串联水库群比并联水库群更易于聚合和分解。国内也有大量学者对该方法进行了分析,Liu 等[39]在清江梯级水电站使用聚合分解的方法得到水电站群联合调度图,克服调度图只能用于单个水电站的局限。许银山等[110]根据逐次优化-逐次逼近法求得的优化结果,对水电站群进行线性聚合,出力分解模型以时段末总蓄能最大为目标,采用遗传算法优化计算,进行总出力的分配。

1.2.3.5　智能算法

（1）遗传算法

遗传算法是由 Holland 教授[111]及其学生于 1975 年在研究人工适应系统时所提出的。随着遗传算法的提出,各种现代仿生算法也相继被用于优化计算。Nachazel 和 Toman[112]将遗传算法应用于水库能量利用优化中,以获得最大发电量的实时水库管理调度规则。

（2）人工神经网络方法

人工神经网络以生物神经网络为模拟模型,具有自学习、自适应、自组织、高度非线性和并行处理等优点[41~44]。在水库调度领域应用较多的是多层前馈网络与 Hopfield 网络:前馈神经网络多被用于获取水库优化调度规则函数或径流中长期分级预报;Hopfield 网络模型则被应用于求解水库（群）优化问题。

（3）蚁群算法

意大利学者 Dorigo 等[113]提出了蚂蚁系统,该算法成功地求解了行旅商问题。随后蚂蚁系统又被进一步发展为通用的群体智能优化技术——蚁群算法。蚁群算法是一种结合了多主体分布式计算、正反馈机制和贪婪式搜索的算法。周念来和纪昌明[114]采用蚁群算法来进行混合编码优化发电水库调度图。

（4）基本粒子群算法

Eberhart 和 Kennedy[115]在 1995 年提出了基本粒子群算法,推动该算法收敛的主要动力是速度—位移模型的单信息共享机制。凭借其具有与 GA 相似的全局收敛性、更快的收敛速度,并且算法简单,易于编程实现,迅速得到了大家的重视并被应用于各种优化问题。

（5）差分进化算法[116]

与遗传算法相似，差分进化算法是一类基于群体差异的演化算法。目前已经在水库（群）优化调度[117-119]、水电站经济运行及水火电系统联合经济调度[120-122]、水库多目标优化调度[123-124]等方面取得了较好的效果。

（6）支持向量机[125]

支持向量机（Support Vector Machine，SVM）是一类新型机器学习方法，不存在"维数灾"问题，泛化能力强。SVM目前在径流预测方面已经有了一些应用[126-127]，在水库调度中应用还比较少。

比较上述各优化模型的优缺点可以发现：非线性规划问题常转化为线性规划问题，但线性模型的模拟与系统本身存在一定的差异；动态规划模型受"维数灾"的限制需要降维；现代仿生优化算法、人工智能算法简单易用，具有良好的应用前景。同时，在解决实际工程问题时往往会综合采用一种或者几种方法的组合，将多个方法的优势进行糅合，对实际问题进行求解。除上述方法，模糊数学理论、模拟退火法、禁忌搜索法、对策论、储存论、灰色理论等方法在水库调度中都得到了应用，丰富了水库优化理论。

1.3 水库调度规则提取研究进展

由于水库（群）调度的复杂性，至今仍无形成通用的调度规则形式，通常是在显随机性或者确定性（隐随机）优化框架内，通过拟合调度轨迹或者参数优化方法来提取调度规则。主要分为以下三种类型：模拟调度方法、基于显随机优化调度框架提取水库调度规则和基于隐随机优化调度框架提取调度规则。

1.3.1 模拟调度方法

由于径流的不确定性，对于水库中长期优化调度问题，水库调度决策值和输入之间复杂的函数关系难以捕捉，至今没有形成通用的调度规则[34]。"模拟"，即利用数学关系式描述系统参数和变量间数学关系的模型以及计算机复逼真再现系统的模型，进而根据响应结果帮助决策者进行某种决策。模拟法要求水库调度策略的结构是可定义的，每次运行只可得到一个响应，需要用其他数学优选法来确定最优解，严格地说，模拟法是一种分析方法而不是优化方法。模拟模型最早用于美国密西西比水库群的联合优化调度，此后模拟模型开始在复杂水资源系统的规划和管理中广泛应用。在模拟模型的应用研究方面，HEC-3[128]、HEC-5[129] 以 及 HEC-ResSim[130] 是最为成功的模拟模型。Ampitiyawatta 等[131] 采用 HEC-ResSim 对清江梯级水库进行了模拟，结果表明，蓄水期调度较好，而在供水期由于运行规律较为单一，不能体现该模型的模拟优势。

1.3.2 显随机优化框架提取调度规则

与隐随机优化调度方法不同，显随机优化方法将径流视为随机过程[27,132]。根据求解方法不同，可将单一水电站随机优化调度方法[27,132]分为：随机线性规划模型方法[133]、线性机遇约束规划模型方法[134]和随机动态规划模型方法[135]。水库优化调度问题是一个非确定性的多阶段决策问题，但由于"维数灾"的问题，大大制约了随机优化方法的发展，所得成果也难以在实际调度中得到应用。国内外学者在优化降维[136]、处理多目标问题[137-138]等方面展开了系列研究。Turgeon[107] 以梯级上的 6 个水电站为研究对象，建立随机动态规划模型，分别采用将多阶段优化问题转换为多个二阶段优化问题和使用聚合分解将多个水库转换为单个水库两种方法进行求解，结果表明采用聚合分解方法在降维方面更为有效；Stedinger 等[28] 以尼罗河流域的阿斯旺大坝为研究对象，通过建立考虑面临时段的入流预报信息的随机性优化模型，推求更能反映未来实际情形的调度规则；林峰和戴国瑞[139] 以梯级水电站的两个多年调节水库为研究对象，采用切比雪夫多项式的零点改进动态规划的格点法，最终得到的水库调度策略能明显提高梯级水库群的运行效益；纪昌明和冯尚友[140] 以 3 个不完全年调节混联水库群为研究对象，建立了可逆性随机动态规划模型，通过将余留效益转移到入流分布函数曲线的分级方法，分别统计 3 个水库单独运行和联合运行的优化结果。同常规随机动态规划模型对比分析，验证了所提模型和求解理论的合理性。徐鼎甲等[141] 以河南省南湾水库为研究对象，建立了考虑灌溉和供水为目标的随机动态规划模型，采用双向惩罚方法求解，结果显著提高水库综合运用效益；唐国磊等[142] 以二滩水库为研究对象，根据电站实际预报情况，建立了考虑预报及预报不确定性的随机优化调度模型，采用 48 年历史实测资料对分别对 DDP、SDP-Q、HSDP 和 PSDP 所得优化调度图进行检验，结果表明，所提方法可以较好地反映当前预报的实际情形，能有效提高二滩水库发电效益。徐炜等[143-144]建立了考虑降雨预报信息的水库群聚合分解贝叶斯随机优化调度模型,分别从聚合分解降维和耦合短中期预报信息方面进行探讨,结果验证了考虑降雨预报信息的优越性和所提方法的合理性。

1.3.3 隐随机优化框架提取调度规则

隐随机优化调度法是 Young[30]针对单一水库调度首次提出,Unny 等[145]将隐随机优化法用于求解大规模水电站群的实时优化调度中。隐性随机性优化的基本思路是长系列的历史来水资料包含径流的随机性过程,通过建立确定性优化模型进行优化求解,得到长系列的优化调度决策过程,然后对长系列决策过程即最优调度轨迹进行统计分析,通过优化或者拟合的方式,寻找其中的优化决策规律来制定调度函数,进而指导水库(群)的运行调度[146]。隐性随机性优化法是通过随机生成长系列径流来反映入库径流的随机特性,并且对生成径流建立确定性优化调度模型求解得到最优决策结果,通过统计分析来体现径流的随机特性。根据已有研究成果,将隐随机优化提取发电调度规则的方法归纳为两类:基于拟合模式的调度规则提取和基于参数优化模式的调度规则提取。

1.3.3.1 拟合模式

拟合模式是水库优化调度规则提取最常用的一种模式。通过求解长系列确定性水库优化调度模型,可得到长系列最优调度规则,通过拟合最优调度轨迹得到水库调度规则,进而指导水库模拟运行。该模式在水库调度规则提取研究中应用最为广泛,也取得了大量研究成果。张勇传等[147]基于确定性来水成果,采用决策出力状态方程表示水库群优化调度函数式,并通过线性回归分析方法推求调度函数参数,将所提理论应用于江西省南昌电网的柘林、罗湾、洪门和江口 4 个水电站群的优化调度中;陈洋波和陈惠源[148]在 Unny 等[145]所提水电站群确定性优化聚合分解模型及相关成果基础上,研制了几种形式的调度函数,结合电网水电站群联合调度的实例,探讨研制的调度函数的合理性;姚华明等[149]探讨了以出力为决策的线性调度方程,建立最优出力与初始状态和径流的关系和回归确定预留效益的最优调度方法,即通过确定预留效益函数使预留效益与面临时段效益和最大两种方式,比较发现后者形式上更科学严谨,结果无须修正,可提供最优出力决策;黄强和王世定[150]采用多元逐步回归拟合确定性优化调度轨迹,分别得到线性和非线性优化调度函数,以陕西省汉中市石门水库为例,对两种规则进行对比分析,发现非线性规则考虑了多因子交互影响,结果优于线性规则,结果接近理论最优解;万俊等[151]采用多元线性回归方法分析逐次优化算法所得最优运行轨迹,制定了一年36旬的逐旬优化调度函数及与之对应的调度规则,所得规则优于常规调度方法,增加效益显著;袁宏源等[152]针对分时段制定调度函数方法忽略水文过程的连续性问题,将自回归模型用于随机模拟多库的入流过程,将该方法与水库群优化调度规则提取方法有机结合,建立水库群优化调度的混合回归疏系数模型,同多变量自回归模型对比发现,所提方法操作简单、求解灵活,更符合实际情况;裘杏莲等[153]针对水库(群)确定性优化调度输入来水工程未知和调度规则偏离优化的问题,提出了一种调度函数与分区控制规则相结合的优化调度模式,该模式以确定性优化调度成果为基础,能够考虑实际的综合利用要求,具有简单易行的特点;雷晓云等[154]以新疆玛河流域四座水库联调为例,采用目标规划模拟法得到确定性优化调度过程,制定了以灌溉为主的多级保证率分段调度函数,通过模拟运行验证调度函数的有效性;周晓阳等[155]为减轻"维数灾"问题,提出了辨识型优化调度理论,制定了水库群优化调度的非线性实时调度函数,并通过参数优选出最佳调度规则,模拟运行效果良好;李承军等[156]采用二元回归方法,分别以时段末最优水位和出力作为决策变量,制定了双线性调度函数,并在模拟中验证了方法的合理性;刘攀等[157]对隐随机优化方法制定调度规则所需资料的长度进行了探讨,以三峡水库线性规则为例,通过采用不同长度的调度资料,对比分析率定期的年均发电量和发电保证率,发现30a的资料长度制定的调度规则可以满足工程应用,70a资料制定的规则具有较好的稳定性;李立平等[158]采用遗传规划算法对三峡梯级和清江梯级混联水电站群的最优调度轨迹分旬进行拟合,得到各旬的显性非线性优化调度函数,同常规调度方法相比,所得调度规则可以提高发电量和发电保证率;周研来等[159]通过对最优调度轨迹的分析拟合,建立了混联水库群的水量和能量联合调度函数,出力分解模型以时段末总蓄能最大为目标,采用遗传算法优化计算,进行总出力的分配;王金龙等[160]以溪洛渡和向家坝梯级水电站群为对象,以旬为调度时段,采用门限回归非线性模型对确定性优化调度轨迹进行拟合,得到水电站群优化调度规则,与相同条件下的多元线性回归模型对比,结果表明所提方法能够更好地对确定性优化调度轨迹进行拟合,为实际调度提供更好的选择。

通常水库(群)调度规则是复杂的非线性关系,近年来随着人工智能优化技术的发展,在不能确定输入数据和输出数据之间关系的情况下,人工智能算法就可以依据自身强大的映射能力、自组织学习能力,利用内部设定就可找到可以反映输入数据和输出数据的相关关系。代表性方法有人工神经网络[161-171]、支持向量机方法[172]和遗传规划算法[173-176]等。

人工神经网络作为一种并行的计算模型,能够同时考虑水库运行过程中运行要素间的非常复杂的关系,在水库调度函数的拟合过程中得到了广泛的运用。胡铁松等[58]采用 BP 神经网络方法拟合水库群的供水调度规则,同关联平衡法相比,验证了 BP 神经网络方法的合理有效性;胡铁松等[161]对人工神经网络方法在水文领域的应用进行了综述,并指出重点的改进方向;畅建霞等[162,163]以西安市供水的金盆、石头河和石砭峪水库为例,分别采用 BP 神经网络和改进的 BP 神经网络拟合供水水库群的人工神经网络调度规则,模拟运行结果接近确定性优化调度方法,表明 BP 神经网络可反映输入和输出间的复杂相关关系;陈建康和马光文[164]以四川省宝珠寺水电站为研究对象,利用 BP 神经网络建立发电水库的神经网络调度规则,结合预报径流,可确定面临时段的最优水位(出力);缪宜平和纪昌明[165]以湖南省凤滩电站为研究对象,以月为调度时段,建立月最优出库流量与当前时段入流及前三个时段的平均水位的函数关系,同常规回归方法调度规则相比,结果表明改进 BP 方法具有优异的模拟性能;赵基花等[168]以月为调度时段,建立金盆水库当前时段入流、前三个时段入流、当前时段水库蓄水量及前两个时段的水库蓄水量和水库出库流量及发电出力的 BP 神经网络函数关系,同多元线性调度函数对比得出 BP 神经网络方法更符合水库调度的客观规律的结论;尹正杰等[59]利用 RBF 人工神经网络挖掘水库需水量、蓄水量、径流量、水文年类型及调度时段编号之间的潜在函数关系,建立了供水水库的调度规则,与调度图和调度函数方法相比,采用数据挖掘技术所得调度规则模拟效果最好;刘攀等[169]以三峡水库为研究对象,在动态规划方法求得汛末蓄水最优调度过程的基础上,使用人工神经网络训练拟合蓄水调度函数,同原设计方案相比,人工神经网络方法可以增加平均发电量和提高水库的蓄满率;吴佰杰等[170]以金沙江和长江梯级 6 座水电站群为研究对象,以旬为调度时段,使用改进 BP 神经网络分别逐旬拟合最优出流过程和最优末水位,同常规调度和线性调度函数对比,增加了年均发电量和梯级保证出力,降低了年均弃水量;舒卫民等[171]采用三层 BP 神经网络拟合了四川某流域梯级水电站群的最优调度过程,同回归分析方法相比,结果表明神经网络方法更适合处理非线性函数关系。

支持向量机因其强大的泛化寻优能力,适合处理水库调度函数中的复杂非线性关系,也可用来调度规则的提取,但支持向量机在水库调度领域应用较少。左吉昌等[172]以洪家渡水库为例,以旬为调度时段,采用支持向量机方法来拟合逐次优化算法得到的近似最优调度轨迹,发现支持向量机方法在全局寻优上优于人工神经网络。

遗传规划提出了使用计算机程序来描述问题,该特征使其具有强大的启发式自动搜索寻优能力。与人工神经网络方法不同,使用遗传规划算法可以得到水库调度函数的显式表达式,方便开展因变量和决策变量相关关系的分析研究。张雯怡等[173]以洪家渡水库为例,使用逐步回归分析挑选与决策变量最相关的影响因子,采用遗传规划算法拟合决策变量(年末消落水位)和影响因子的调度函数关系,同人工神经网络和回归预测方法的对比分析,得出遗传规划算法在求解函数关系方面所得结果更加优良的结论;Fallah-Mehdipour 等[174]建立出库流量和入库及蓄水量之间的函数关系,将遗传规划算法用于水库群的实时调度中;Li 等[60]以三峡梯级和清江梯级混联水电站群为研究对象,分别采用人工神经网络和遗传规划方法拟合长系列确定性优化调度轨迹,得到隐式和显式非线性调度规则,同常规调度方法相比,验证了所提人工智能方法的优越性;Fallah-Mehdipour 等[175]分别采用遗传规划算法、线性和非线性调度规则拟合最优调度轨迹,并使用遗传算法对后两种规则进行优化,最后对比分析表明遗传规划所提规则可以显著提高年均发电量,模拟效果最好;Akbari-Alashti 等[176]以伊朗的 Karun 3 水库为研究对象,将固定长度遗传因子的遗传规划算法和原始遗传规划算法用于水库调度规则的提取,同遗传算法和非线性方法对比发现,改进的遗传规划结果模拟效果最好,所提方法是对原遗传规划算法的合理改进。

1.3.3.2 参数优化模式

参数优化模式主要是将优化技术用于现有规则参数的进一步优选,如优化调度图[39,65,114,177−185]、优化调度规则[186−191]等。采用的技术多是非线性优化算法和人工智能优化算法,如 POWELL 算法[60]、SIMPLEX 算法[60]、遗传算法[192-199]或粒子群算法[200-206]等。

在优化调度图方面,国内外学者发现由于编制调度图需要参数较多,对调度图上的关键点优化即可达到满意的结果,通过对关键点的优化,减少了计算量,提高了计算效率,克服传统调度图只能用于单一水库调度的缺陷,将调度图应用于梯级水库群的联合调度中。张铭等[177]采用动态规划逐次逼近算法对隔河岩水库的常规调度图进行了优化,结果能满足水库运用要求并且提高水库的综合运用效益;李玮等[178]以清江流域梯级电站为研究对象,将粒子群算法用于梯级水库调度图的联合优化中,结合库群联合调度的库容效率指数方法,直观、简洁地实现梯级联合调度,提高梯级水库群的年均发电量和减小弃水量,并且满足梯级设计保证率;邵琳等[179]将遗传算法同模拟退火算法结合,形成一种集合两种算法优势的混合遗传模拟退火算法对梯级水电站调度图进行优化,所提方法可有效提高梯级电站效益;杨子俊等[180]采用粒子群对常规发电调度图进行优化,模拟运行结果表明,所提方法可以提高发电效益,同时所提方法可以减少人为操作,更能直观反映调度图的模拟的实际成果;程春田等[181]以乌江流域梯级水库群为例,以长系列资料初步得到单库调度图和梯级联合调度图,同时采用逐次逼近优化算法对初始结果进行优化,直接得到最终的优化调度图,所提方法能够有效增加梯级运用效益和提高优化计算效率;王旭等[182]通过对原始遗传算法的改进,提出了一种基于可行空间搜索的方法对寺坪水库设计调度图进行多目标优化,所提方法不仅能减少优化的决策变量数目,还可以有效增加运用效益;雍婷等[183]针对传统调度图较少考虑生态蓄水要求,采用自适应遗传算法将生态调度线优化于汉江丹江口水库调度图中,显著提高了生态流量的保证率;纪昌明等[184]构建了梯级总出力和总出力分配嵌套模型,以李仙江流域梯级电站为研究对象,采用逐步优化算法进行模型求解,所提方法可以有效提高梯级年发电量和保证率,克服蓄供水判别式方法的不足;刘烨等[185]以万安溪和白沙水库群为研究对象,采用多重迭代算法实现水库调度图的优化,所提方法能有效获得形态合理调度图,并有效增加发电效益。Liu 等[39]以清江流域梯级水电站为研究对象,通过采用逐次优化算法对确定性优化调度模型进行求解,得到长系列最优调度轨迹,考虑到梯级水电站内各个水电站单位水量所具有的能量是不等价的,因而引入梯级可能出力将各个水电站的水量转化为统一的能量。采用聚合的方法建立了梯级总出力与梯级可能出力之间的关系,然后根据隔河岩水库的状态进行总出力决策分解,最后采用多目标遗传算法对调度图的关键点进行模拟优化,得到梯级水库群调度联合能量调度图。同常规结果相比,该方法可显著地提高年均发电量和发电保证率,同时克服传统调度图只能用于单一水库的局限。

在优化调度规则方面,针对拟合模式不能使所得水库(群)调度规则发挥最大优势,需要对调度规则中的系数、权重或者参数等进一步寻优,使调度规则结果更加合理可靠。刘攀等[186]以三峡水库为研究对象,采用多目标遗产算法求解动态汛限水位和蓄水时机的混合模型,通过模糊决策方法对多目标问题进行决策,得到优选综合利用方案,结果表明,所提方案可以提高三峡水库运用的综合效益,充分挖掘汛期洪水资源化的潜力;尹正杰等[187]以北方某水库为研究对象,采用遗传算法对多目标供水调度规则中的参数进行寻优,所得规则能有效地协调多目标供水问题;Liu 等[188]首先采用动态规划算法出力确定性优化调度模型得到长系列最优调度过程,为人工神经网络拟合蓄水规则提供样本,再采用单纯形法对人工神经网络中的权重进行模拟优化,将动态规划、人工神经网络方法及非线性优化算法中的单纯形法相结合,提出了一种混合优化算法来提取三峡水库的优化蓄水规则,同原定方案相比,所提方法可以有效增加水库运用效益,大幅度减小损失;王东泉等[189]采用遗传算法对乌东德的调度函数进行优化,同传统的基于逐次优化算法的线性回归规则相比,该方法能减小拟合偏差,体现遗传算法优化计算的优势;刘攀等[190]以清江流域梯级水电站群为研究对象,采用非线性单纯性法对线性调度规则系数进行优化,通过随机仿真检验所得规则的合理性;冯雁敏等[191]采用改进粒子群算法对三峡水库的线性调度规则系数进行优化,同基于传统的逐次优化算法的线性回归规则对比结果表明,所提方法具有合理可行性。

通过对比这三种类型调度规则提取框架可以发现,模拟调度方法不是真正意义上的优化,同时该方法的适用性较小,通常需要针对特定流域或者区域制定;显随机优化框架提取调度规则理论上可以得到理论解,但是受制于目前计算水平,仍然容易陷入"维数灾"、局部最优和难以求得最优解等问题;隐随机优化框架提取调度规则是目前最常用的技术,但也有一系列问题存在。在模拟模式中,随着优化变量的增加,计算难度呈几何指数增长,"维数灾"问题难以避免;线性调度规则虽然简单、易提取,但是难以反映输入变量和决策变量实际的复杂非线性关系,人工智能方法的使用可以在一定程度上缓解上述问题,但是得到的函数关系大多是基于黑箱模型,难以解释其中的物理成因,导致在实际应用中受到限制。在参数优化模式中,虽然可以在一定程度上修正模拟模式的不足,但是随着可用资料的延长,仍然需要不断迭代更新规则,计算量繁重;一般规则都难以协调多目标问题。同水文气象信息的结合,增加对预报信息的考虑,将会是一个很好的研究方向。因此,仍需深入开展调度规则的机理研究,探讨调度规则形式。

1.4 研究对象和内容

1.4.1 研究对象

长江是我国第一大河,清江是长江出三峡后南岸的第一条较大支流。三峡梯级由三峡、葛洲坝两个水利枢纽组成,总装机容量 2091.5 万 kW,梯级保证出力为 499 万 kW。三峡梯级具有防洪、发电、航运等作用。其中三峡为季调节、葛洲坝为日调节。清江梯级由水布垭、隔河岩、高坝洲 3 个水利枢纽组成,总装机容量 330.4 万 kW,梯级保证出力 61.80 万 kW。清江梯级以发电为主兼顾防洪。其中水布垭为多年调节、隔河岩为年调节、高坝洲为日调节。三峡梯级和清江梯级组成了世界上最大的复杂水电站群,因此,开展三峡梯级和清江梯级发电调度规则的研究具有重要理论与现实的意义。梯级水电站群的空间关系见图 1-1,水电站群的主要特征指标见表 1-1。

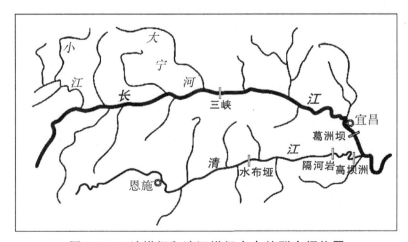

图 1-1 三峡梯级和清江梯级水电站群空间位置

表 1-1   梯级水电站群特性指标值

水库名称	三峡梯级		清江梯级		
	三峡	葛洲坝	水布垭	隔河岩	高坝洲
库容/亿 m³	393	15.8	42	34	5.4
防洪库容/亿 m³	221.5	——	5	5	——
坝顶高程/m	185	70	409	206	83
正常高水位/m	175	66	400	200	80
汛限水位/m	145	——	391.8	193.6	——
装机容量/MW	22400	2715	1840	1212	270
年均发电量/(亿 kW·h)	≥900	157	34.1	30.4	9.3
调节性能	季调节	日调节	多年调节	年调节	日调节

1.4.1.1　三峡梯级概况

长江三峡水利枢纽位于宜昌市夷陵区三斗坪,是长江干流上的控制性工程,是一座以防洪为主,兼顾发电、航运的大型水利枢纽工程,并与其下游 38km 的葛洲坝水电站形成梯级调度电站。三峡水电站总工期为 17 年,1993 年进入施工准备,1994 年正式施工,1997 年大江截流成功,2003 年开始通航发电,2009 年全部竣工。另外,三峡水库建成后形成了面积达到 1084km² 的人工湖泊。电站总装机容量 2250 万 kW,保证出力 4990MW,坝高 185m,设计正常蓄水位为 175m,汛限水位为 145m,总库容 393 亿 m³,其中防洪库容 221.5 亿 m³,能够抵御 100 年一遇的特大洪水,水库具有季调节能力。

三峡水库是一个具有防洪、发电、航运等多项综合效益的大型水利工程:水库建成后使得下游荆江河段的防洪标准提高到 100 年一遇,遭遇 1000 年一遇洪水时与中下游分蓄洪工程配合,可避免灾难性洪涝损失,保障武汉市的防洪安全,也为洞庭湖的治理创造条件;显著改善航道近 660km,增加万吨级船队通航里程。三峡水库是治理长江和开发利用长江水资源的关键性骨干工程,因此在满足防洪要求的前提下充分发挥其经济效益具有重要的意义。

葛洲坝水利枢纽位于湖北宜昌,主要起反调节作用。同时自身具有发电和航运效益。葛洲坝水利枢纽控制 100 万 km² 的流域面积,该面积将近长江流域总面积的一半。葛洲坝是长江上的第一个建立大型水利枢纽,工程起始时间为 1970 年 12 月,1988 年竣工。三峡水利枢纽建成,可以解决三峡水利枢纽出流的不稳定性对航运的影响。同时具有抬高水位，降低河段流速，淹没险滩，延长通航里程及通航安全度。葛洲坝据镇江阁大约 4000m，大坝全长 2561m，宽 30m。葛洲坝水利枢纽的发电机主要分布在大江和二江上，总装机容量 271.5 万 kW，大江安装 14 台 12.5 万 kW 水轮机，装机容量 175 万 kW，二江安装 2 台 17 万 kW 和 5 台 12.5 万 kW 水轮机，装机容量 96.5 万 kW，泄洪排沙设施主要建在二江上，共有 27 孔。由此可见，大江主要用来发电，二江主要用来防洪（泄洪）。大江和二江的最大排泄量分别为 20000m³/s 和 83900m³/s。葛洲坝水利枢纽还有两个 280m×34m 的单级船闸，每年可以增加货运量。葛洲坝年均发 157 亿 kW·h 电量。葛洲坝运行水位：最低 63m，最高 66m（后改为 66.5m），库容系数约 0.02%，调节库容很小，基本没有调节能力。

1.4.1.2　清江梯级概况

清江流域横贯湖北省西南，是长江出三峡后的第一条大支流，于宜都市注入长江。干流全长 423km，总落差 1430m，流域面积约 1.7 万 km²。清江流域可开发利用的水能资源有 85%～88% 集中在恩施以下干流河段上，其开发条件较为优越，是清江流域水能开发的重点，主要任务是发电，同时兼顾防洪和航运功能，梯级开发从上到下依次展开，首先开发水布垭水利枢纽，然后隔河岩水利枢纽，最后开发高坝洲水利枢纽。3 个水利枢纽的依次开发，可以充分利用清江水能资源，同时为长江防洪分压。

水布垭水电站坝址位于巴东县水布垭镇，距隔河岩 92000m，距清江入长江口 153km，工程于 2002 年开始正式施工，到 2009 年完工，共耗时 8.5 年。水布垭是清江的龙头枢纽。水库坝址以上流域面积 10860km²，占清江全流域面积的 63.9%，其正常蓄水位和死水位分别为 400m、350m，校核洪水位 404.03m，相应总库容 45.8 亿 m³，装机容量 1600MW，水库具有多年调节能力，保证出力 31 万 kW，多年平均电量 39.84 亿 kW·h，水布垭水利枢纽工程是以发电为主，并兼顾防洪、航运。随着水布垭、隔河岩、高坝洲水利枢纽的建成，可以通过联合调度提高发电量，同时可以通过联合调度为长江汛期防洪分压。

隔河岩水利枢纽位于长阳县，距县城 9000m，是清江梯级的骨干工程。距武汉大约有 350km。隔河岩水利枢纽于 1994 年正式建成并配合葛洲坝水利枢纽，为华中地区送电。隔河岩水利枢纽属于混凝土重力拱坝，可以起到消除洪峰作用。其水电站装机容量 120 万 kW，保证出力 18.7 万 kW，年发电量 30.4 亿 kW·h。坝址以上流域面积 14430km²，多年平均流量 403m³/s，正常蓄水位 200m，相应库容 34 亿 m³，死水位 180m，兴利库容 22 亿 m³。隔河岩水电站主要功能是发电，兼有防洪、航运等效益。

高坝洲水库是清江梯级开发最下游的水电站，位于隔河岩电站下游 50km 处，是以发电为主，兼顾水产效益和航运效益的径流式水电站。坝址以上流域面积为 15650km²，约占全流域的 92%。高坝洲水库具有日调节能力，电站安装 3 台 9 万 kW 水轮机，总装机容量为 27 万 kW，保证出力 6.15 万 kW，年发电量 8.98 亿 kW·h，其正常蓄水位为 80m，死水位为 78m。

1.4.2 研究内容

本书的主要研究目的是在开展梯级水库群优化调度规则提取的基础上，深入研究规则本身的不确定性，研究调度规则本身的机理，对湖北省内三峡梯级和清江梯级大型水电站群联合优化调度问题展开相关研究，开展对冲规则在梯级发电水库调度的应用研究、降雨集合预报在水库优化调度中的应用研究、梯级水库群调度规则合成研究以及梯级水库调度规则的不确定性分析研究等方面。本书研究技术路线见图 1-2。

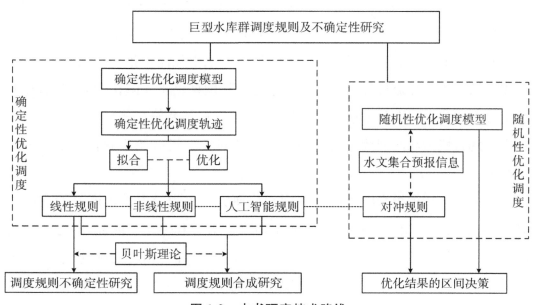

图 1-2 本书研究技术路线

各章节主要研究内容如下：

第1章——绪论。介绍了本书的选题背景及意义，综述了国内外水库优化调度技术重要文献和调度规的则研究进展，对水库调度理论与方法进行了回顾，分析了当前水库调度中存在的一些问题，探讨了水库调度的发展趋势等，为以后各章的研究提供了技术支持。

第2章——对冲规则在梯级水库中的应用研究。尝试将用于供水调度的对冲规则应用于梯级发电水库调度中，针对以往优化模型中认为径流是确定性过程，采用径流分析方法分析中长期径流预测的误差，为使结果更准确，量纲统一，采用能量聚合制定对冲规则，之后采用多目标优化算法对预设的对冲规则进行优化，得到梯级发电水库的优化对冲调度规则。以清江梯级水电站为研究对象，采用1951—2005年的旬平均实测资料进行优化计算，将优化对冲规则模拟运行过程同常规调度图模拟运行方法进行对比，分析对冲规则在梯级发电水库中的可用性，探索为防止梯级水电站运行过程遭遇持续性破坏和梯级水库中长期发电计划的制定的新途径。

第3章——降雨集合预报在梯级水库优化调度中的应用研究。由于目前中长期集合预报信息的可利用性较高，考虑采用中长期降雨集合预报信息来延长水文预报的预见期，为实际调度提供更好的选择。选用三水源新安江模型进行清江流域径流预报，通过遗传算法对三水源新安江模型的关键参数进行优选，用历史实测径流资料对三水源新安江模型进行率定，再将欧洲中期天气预报中心发布的降雨集合预报信息作为清江流域未来径流预报的信息输入，以此获得流域未来的径流集合预报结果。建立中长期梯级水库随机动态规划模型，以流域未来降雨集合预报信息为基础，分别采用径流集合预报的贝叶斯模型平均方法的合成值和区间值，进行优化求解，并对比分析采用不同径流信息的调度结果。

第4章——梯级水库群调度规则合成研究。大规模混联水库群调度的复杂性，目前尚没有统一且稳健的调度规则可供借鉴和使用。因此，考虑采用贝叶斯模型平均方法对多个调度规则进行综合，结合各个调度规则的优势，形成一种合成规则来指导水库运行。开展以常规调度图、确定性联合优化调度、人工神经网络方法以及遗传规划规则进行水库优化调度规则的合成研究，通过构建混联水库群调度规则的合成模型,分别采用期望值最大算法和马尔科夫链—蒙特卡罗算法对模型进行求解,确定各个水库调度规则在合成的调度规则中的权重和方差,最后采用合成后的水库调度规则进行混联水库群调度决策,并分析评价合成的调度规则的不确定性,并用合成的调度规则同各个成员规则进行对比,分析研究思路的合理性和调度决策的不确定性大小,为实际调度提供更多有用信息。

第5章——梯级水库调度规则的不确定性分析。针对以往调度规则中参数的唯一性,参考水文模型参数的不确定性研究方法,将调度规则中的参数视为随机变量,进而建立梯级水库调度规则的参数不确定性分析理论框架,基于确定性优化调度模型,分别采用线性回归和贝叶斯模拟技术开展梯级水库调度规则的参数不确定性研究。在贝叶斯模拟方法中,把梯级水库调度规则的参数视为随机变量,将拟合度最优和发电量最大作为似然函数,分别采用马尔科夫链—蒙特卡罗和通用似然不确定性方法进行求解,并对比分析结果的合理性和实际应用的可行性。

第6章——结论与展望。总结全书的主要研究内容与取得的研究结果,并就有待进一步研究的问题进行讨论。

本章参考文献

[1] 国务院办公厅. 国务院办公厅关于转发发展改革委等部门《节能发电调度办法(试行)》的通知(国办发〔2007〕53号文)[N]. 国务院公报,2007-9-20(26).

[2] Guo S,Zhang H,Chen H,et al. A Reservoir flood forecasting and control system in China[J]. Hydrological Sciences Journal,2004,49(6):959-972.

[3] Simonovic S. The implicit stochastic model for reservoir yield optimization[J]. Water Resources Research,1987,23(12):2159-2165.

[4] Massé P,Boutteville R. Les réserves et la régulation de l'avenir dans la vie économique[M]. Paris:Hermann,1946.

[5] Little J D C. The use of storage water in a hydroelectric system[J]. Journal of the Operations Research Society of America,1955,3(2):187-197.

[6] Maass A, Hufschmidt M, Dorfman R, et al. Design of water resouce systems[M]. Cambridge: Harvard University Press, 1962.

[7] Yeh W W G. Reservoir management and operations models: A state-of-the-art review[J]. Water Resources Research, 1985, 21(12): 1797-1818.

[8] Simonovic S P. Reservoir systems analysis: closing gap between theory and practice[J]. Journal of Water Resources Planning and Management, 1992, 118(3): 262-280.

[9] Wurbs R A. Reservoir-system simulation and optimization models[J]. Journal of Water Resources Planning and Management, 1993, 119(4): 445-472.

[10] Labadie J. Optimal operation of multi-reservoir systems: State-of-the-art review[J]. Journal of Water Resources Planning and Management, 2004, 130(2): 93-111.

[11] Rani D, Moreira M M. Simulation-optimization modeling: a survey and potential application in reservoir systems operation[J]. Water Resources Management, 2010, 24(6): 1107-1138.

[12] Howard R A. Dynamic Programming and Markov Processes[M]. Cambridge: Massachusetts Institute of Technology Press, 1960.

[13] Loucks D P, Stedinger J R, Haith D A. Water Resource System Planning and Analysis [M]. Upper Saddle River: Prentice-Hall, 1981.

[14] Wurbs R A. Modeling and analysis of reservoir system operations [M]. Upper Saddle River: Prentice-Hall, 1996.

[15] ReVelle C. Optimizing reservoir resources: including a new model for reservoir reliability [M]. New York: Wiley, 1999.

[16] 大连工学院水利系水工教研室, 大伙房水库工程管理局. 水库控制运用[M]. 北京: 水利电力出版社, 1978.

[17] 张勇传. 优化理论在水库调度中的应用[M]. 长沙: 湖南科学技术出版社, 1985.

[18] 张勇传. 水电能优化管理[M]. 武汉: 华中理工大学出版社, 1987.

[19] 张勇传. 水电系统最优控制[M]. 武汉: 华中理工大学出版社, 1993.

［20］华士乾.水资源系统分析指南［M］.北京:水利电力出版社,1988.

［21］董子敖.水库群调度与规划的优化理论和应用［M］.济南:山东科学技术出版社,1989.

［22］王本德.水库模糊优化调度［M］.大连:大连理工大学出版社,1990.

［23］冯尚友.多目标决策理论方法与应用［M］.武汉:华中理工大学出版社,1990.

［24］冯尚友.水资源系统工程［M］.武汉:湖北科学技术出版社,1991.

［25］郭生练.水库调度综合自动化系统［M］.武汉:武汉水利电力大学出版社,2000.

［26］叶秉如.水资源系统优化规划和调度［M］.北京:中国水利水电出版社,2001.

［27］陈森林.水电站水库运行与调度［M］.北京:中国电力出版社,2008.

［28］Stedinger J R,Sule B F,Loucks D P. Stochastic dynamic programming models for reservoir operation optimization［J］. Water Resources Research,1984,20(11):1499-1505.

［29］Koutsoyiannis D,Economou A. Evaluation of the parameterization simulation optimization approach for the control of reservoir systems［J］. Water Resources Research,2003,39(6):1170.

［30］Young G K. Finding reservoir operating rules［J］. Journal of the Hydraulics Division,1967,93(6):297-321.

［31］Celeste A B,Billib M. Evaluation of stochastic reservoir operation optimization models［J］. Advances in Water Resources,2009,32(9):1429-1443.

［32］Revelle C,Joeres E,Kirby W. The linear decision rule in reservoir management and design:1,Development of the stochastic model［J］. Water Resources Research,1969,5(4):767-777.

［33］Karamouz M,Houck M H. Annual and monthly reservoir operating rules generated by deterministic optimization［J］. Water Resources Research,1982,18(5):1337-1344.

［34］Oliveira R,Loucks D P. Operating rules for multireservoir systems

[J]. Water Resources Research,1997,33(4):839-852.

[35] Loucks D P,Dorfman P J. An evaluation of some linear decision rules in chance—Constrained models for reservoir planning and operation[J]. Water Resources Research,1975,11(6):777-782.

[36] Chang F J,Chen L,Chang L C. Optimizing the reservoir operating rule curves by genetic algorithms[J]. Hydrological Processes,2005,19(11): 2277-2289.

[37] Chang Y T,Chang L C,Chang F J. Intelligent control for modeling of real-time reservoir operation,part II:artificial neural network with operating rule curves[J]. Hydrological Processes,2005,19(7):1431-1444.

[38] Chen L,McPhee J,Yeh W W G. A diversified multiobjective GA for optimizing reservoir rule curves[J]. Advances in Water Resources,2007,30(5): 1082-1093.

[39] Liu P, Guo S, Xu X, et al. Derivation of aggregation-based joint operating rule curves for cascade hydropower reservoirs[J]. Water Resources Management,2011,25(13):3177-3200.

[40] Tu M Y, Hsu N S, Yeh W W G. Optimization of reservoir management and operation with hedging rules[J]. Journal of Water Resources Planning and Management,2003,129(2):86-97.

[41] Coulibaly P, Anctil F, Bobee B. Daily reservoir inflow forecasting using artificial neural networks with stopped training approach[J]. Journal of Hydrology,2000,230(3):244-257.

[42] Cheng C,Chau K,Sun Y,et al. Long-term prediction of discharges in Manwan Reservoir using artificial neural network models[A]. Wang J,Liao X F,Zhang Y. Advances in neural networks-ISNN 2005[C]. Berlin Heidelberg: Springer,2005.

[43] Mohaghegh S, Arefi R, Ameri S, et al. Petroleum reservoir characterization with the aid of artificial neural networks [J]. Journal of Petroleum Science and Engineering,1996,16(4):263-274.

［44］ Kuo J T,Hsieh M H,Lung W S,et al. Using artificial neural network for reservoir eutrophication prediction［J］. EcologicalModelling,2007,200(1):171-177.

［45］ Chaves P，Kojiri T. Deriving reservoir operational strategies considering water quantity and quality objectives by stochastic fuzzy neural networks［J］. Advances in Water Resources,2007,30(5):1329-1341.

［46］ Zhou C D,Wu X L,Cheng J A. Determining reservoir properties in reservoir studies using a fuzzy neural network［A］. SPE Annual Technical Conference and Exhibition［C］. Houston:SPE,1993.

［47］ Yu S,Guo X,Zhu K,et al. A neuro-fuzzy GA-BP method of seismic reservoir fuzzy rules extraction［J］. Expert Systems with Applications,2010,37 (3):2037-2042.

［48］ Chang F J,Chang Y T. Adaptive neuro-fuzzy inference system for prediction of water level in reservoir［J］. Advances in Water Resources,2006,29 (1):1-10.

［49］ Russell S O,Campbell P F. Reservoir operating rules with fuzzy programming［J］. Journal of Water Resources Planning and Management,1996, 122(3):165-170.

［50］ Wei C C,Hsu N S. Derived operating rules for a reservoir operation system:Comparison of decision trees,neural decision trees and fuzzy decision trees［J］. Water Resources Research,2008,44(2):W02428.

［51］ Goyal M K,Ojha C S P,Singh R D,et al. Application of ANN,fuzzy logic and decision tree algorithms for the development of reservoir operating rules［J］. Water Resources Management,2013,27(3):911-925.

［52］ 张铭,李承军,袁晓辉,等. 大规模混联水电系统长期发电优化调度模型及求解［J］. 武汉大学学报(工学版),2007,40(3):45-49.

［53］ Lund J R,Guzman J. Derived operating rules for reservoirs in series or in parallel［J］. Journal of Water Resources Planning and Management,1999, 125(3):143-153.

［54］ Houck M H,Cohon J L,Revelle C S. Linear decision rule in reservoir design and management：6. incorporation of economic efficiency benefits and hydroelectric energy generation［J］. Water Resources Research，1980，16（1）：196-200.

［55］叶秉如. 水利计算及水资源规划［M］. 北京：水利电力出版社，1995.

［56］邵琳，王丽萍，黄海涛，等. 水电站水库调度图的优化方法与应用——基于混合模拟退火遗传算法［J］. 电力系统保护与控制，2010，38（12）：40-49.

［57］Bhaskar N R，Whitlatch E E. Derivation of monthly reservoir release policies［J］. Water Resources Research，1980，16（6）：987-993.

［58］胡铁松，万永华，冯尚友. 水库群优化调度函数的人工神经网络方法研究［J］. 水科学进展，1995，6（1）：53-60.

［59］尹正杰，王小林，胡铁松，等. 基于数据挖掘的水库供水调度规则提取［J］. 系统工程理论与实践，2006，26（8）：129-135.

［60］Li L，Liu P，Rheinheimer D E，et al. Identifying explicit formulation of operating rules for multi-reservoir systems using genetic programming［J］. Water Resources Management，2014，28（6）：1545-1565.

［61］张双虎，黄强，黄文政，等. 基于模拟遗传混合算法的梯级水库优化调度图制定［J］. 西安理工大学学报，2006，22（3）：229-233.

［62］刘攀，郭生练，郭富强，等. 清江梯级水库群联合优化调度图研究［J］. 华中科技大学学报，2008，36（7）：63-66.

［63］黄强，张洪波，原文林，等. 基于模拟差分演化算法的梯级水库优化调度图研究［J］. 水力发电学报，2008，27（6）：13-17.

［64］刘心愿，郭生练，刘攀，等. 基于总出力调度图与出力分配模型的梯级水电站优化调度规则研究［J］. 水力发电学报，2009，28（3）：26-31.

［65］王旭，庞金城，雷晓辉，等. 水库调度图优化方法研究评述［J］. 南水北调与水利科技，2010，8（5）：71-75.

［66］Bohannon J M. A linear programming model for optimum development of multi-reservoir pipeline systems［J］. Journal of Petroleum Technology，1970，22（11）：1429-1436.

［67］Chang G W，Aganagic M，Waight J G，et al. Experiences with mixed integer linear programming based approaches on short-term hydro scheduling [J]. IEEE Transactions on Power Systems,2001,16(4):743-749.

[68] Needham J T,Watkins Jr D W,Lund J R,et al. Linear programming for flood control in the Iowa and Des Moines rivers[J]. Journal of Water Resources Planning and Management,2000,126(3):118-127.

[69] Cai X,McKinney D C,Lasdon L S. Solving nonlinear water management models using a combined genetic algorithm and linear programming approach[J]. Advances in Water Resources,2001,24(6):667-676.

[70] Lee A S,Aronofsky J S. A linear programming model for scheduling crude oil production[J]. Journal of Petroleum Technology,1958,10(7):51-54.

[71] Reis L F R,Walters G A,Savic D,et al. Multi-reservoir operation planning using hybrid genetic algorithm and linear programming(GA-LP):An alternative stochastic approach[J]. Water Resources Management,2005,19(6): 831-848.

[72] Reis L F R,Bessler F T,Walters G A,et al. Water supply reservoir operation by combined genetic algorithm-linear programming(GA-LP)approach [J]. Water Resources Management,2006,20(2):227-255.

[73] Belsnes M M,Wolfgang O,Follestad T,et al. Applying successive linear programming for stochastic short-term hydropower optimization[J]. Electric Power Systems Research,2016,130:167-180.

[74] Bazaraa M S,Sherali H D,Shetty C M. Nonlinear programming: theory and algorithms[M]. New Jersey:John Wiley & Sons,Inc. ,2013.

[75] Chu W S,Yeh W W-G. A nonlinear programming algorithm for real-time hourly reservoir operations[J]. JAWRA Journal of the American Water Resources Association,1978,14(5):1048-1063.

[76] McFarland J W,Lasdon L,Loose V. Development planning and management of petroleum reservoirs using tank models and nonlinear programming[J]. Operations Research,1984,32(2):270-289.

[77] Wei H,Sasaki H,Kubokawa J,et al. Large scale hydrothermal

optimal power flow problems based on interior point nonlinear programming [J]. IEEE Transactions on Power Systems,2000,15(1):396-403.

[78] Huang Y L, Huang G H, Liu D F, et al. Simulation-based inexact chance-constrained nonlinear programming for eutrophication management in the Xiangxi Bay of Three Gorges Reservoir[J]. Journal of Environmental Management,2012,108:54-65.

[79] Li Y P, Huang G H. Interval-parameter two-stage stochastic nonlinear programming for water resources management under uncertainty[J]. Water Resources Management,2008,22(6):681-698.

[80] Catalão J, Mariano S, Mendes V M F, et al. Scheduling of head-sensitive cascaded hydro systems:a nonlinear approach[J]. IEEE Transactions on Power Systems,2009,24(1):337-346.

[81] Bellman R. Dynamic Programming [M]. Princeton:Princeton University Press,1957.

[82] Turgeon A. A decomposition method for the long term scheduling of reservoirs in series[J]. Water Resources Research,1981,17(6):1565-1570.

[83] Ma L,Lei X,Jiang Y,et al. Optimal operation of cascade reservoirs based on DPSA [J]. Journal of China Institute of Water Resources and Hydropower Research,2012,2:1-12.

[84] Opan M. Irrigation-energy management using a DPSA-based optimization model in the Ceyhan Basin of Turkey[J]. Journal of Hydrology, 2010,385(1):353-360.

[85] Bai T,Chang J,Chang F J,et al. Synergistic gains from the multi-objective optimal operation of cascade reservoirs in the Upper Yellow River basin[J]. Journal of Hydrology,2015,523:758-767.

[86] 余昕卉,李承军,刘广宇,等. 峰谷电价下的梯级水电站短期优化调度分析[J]. 中国农村水利水电,2005,3:90-92.

[87] 王金文,王仁权,张勇传,等. 逐次逼近随机动态规划及库群优化调度 [J]. 人民长江,2002,33(11):45-47,54.

［88］胡名雨,李顺新. 逐次逼近动态规划法在水库优化调度中的应用［J］. 计算机与现代化,2008,154(6):8-10.

［89］Nanda J,Bijwe P R. Optimal hydrothermal scheduling with cascaded plants using progressive optimality algorithm［J］. IEEE Transactions on Power Apparatus and Systems,1981,100(4):2093-2099.

［90］Nanda J,Bijwe P R,Kothari D P. Application of progressive optimality algorithm to optimal hydrothermal scheduling considering deterministic and stochastic data［J］. International Journal of Electrical Power & Energy Systems,1986,8(1):61-64.

［91］Cheng C,Shen J,Wu X,et al. Short-Term Hydroscheduling with Discrepant Objectives Using Multi-Step Progressive Optimality Algorithm1［J］. JAWRA Journal of the American Water Resources Association,2012,48 (3):464-479.

［92］Guo S,Chen J,Li Y,et al. Joint operation of the multi-reservoir system of the Three Gorges and the Qingjiang cascade reservoirs［J］. Energies, 2011,4(7):1036-1050.

［93］Chaleeraktrakoon C,Kangrang A. Dynamic programming with the principle of progressive optimality for searching rule curves［J］. Canadian Journal of Civil Engineering,2007,34(2):170-176.

［94］Heidari M,Chow V T,Kokotovi ć P V,et al. Discrete differential dynamic programing approach to water resources systems optimization［J］. Water Resources Research,1971,7(2):273-282.

［95］Yakowitz S. Dynamic programming applications in water resources ［J］. Water resources research,1982,18(4):673-696.

［96］Murray D M,Yakowitz S J. Constrained differential dynamic programming and its application to multireservoir control［J］. Water Resources Research,1979,15(5):1017-1027.

［97］Tospornsampan J,Kita I,Ishii M,et al. Optimization of a multiple reservoir system operation using a combination of genetic algorithm and discrete differential dynamic programming：a case study in Mae Klong system，Thailand[J]. Paddy and Water Environment，2005，3(1)：29-38.

［98］ Chang S C，Chen C H，Fong I K，et al. Hydroelectric generation scheduling with an effective differential dynamic programming algorithm[J]. IEEE Transactions on Power Systems，1990，5(3)：737-743.

［99］ Murray D M，Yakowitz S J. Differential dynamic programming and Newton's method for discrete optimal control problems［J］. Journal of Optimization Theory and Applications，1984，43(3)：395-414.

［100］ Kumar D N，Baliarsingh F. Folded dynamic programming for optimal operation of multireservoir system[J]. Water Resources Management，2003，17(5)：337-353.

［101］ Hall W A，Harboe R C，Askew A J. Optimum firm power output from a two reservoir system by incremental dynamic programming［D］. Los Angeles：University of California，1969.

［102］赵鸣雁，程春田，李刚. 水库群系统优化调度新进展[J]. 水文，2006，25(6)：18-23.

［103］ Nopmongcol P，Askew A J. Multilevel incremental dynamic programing[J]. Water Resources Research，1976，12(6)：1291-1297.

［104］ Turgeon A. Incremental dynamic programing may yield nonoptimal solutions[J]. Water Resources Research，1982，18(6)：1599-1604.

［105］王双银，刘俊民. 综合利用水库兴利调度的二次优化法[J]. 水力发电学报，2007，26(3)：11-16.

［106］ Mesarovic M D. Multilevel systems and concepts in process control［J］. Proc IEEE，1970，58(1)：111-125.

［107］ Turgeon A. Optimal operation of multireservoir power systems with stochastic inflows[J]. Water Resources Research，1980，16(2)：275-283.

［108］ Valdés J B，Filippo J M D，Strzepek K M，et al. Aggregation-disaggregation approach to multireservoir operation［J］. Journal of Water Resources Planning and Management，1992，118(4)：423-444.

[109] Saad M, Bigras P, Turgeon A, et al. Fuzzy learning decomposition for the scheduling of hydroelectric power systems[J]. Water Resources Research, 1996, 32(1): 179-186.

[110] 许银山, 梅亚东, 钟壬琳, 等. 大规模混联水库群调度规则研究[J]. 水力发电学报, 2011, 30(2): 20-25.

[111] Holland J H. Adaptation in natural and artificial systems: an introductory analysis with applications to biology, control, and artificial intelligence[M]. Michigan: Michigan Press, 1975.

[112] Nachazel K, Toman M. Genetic algorithm and its application to optimize energy utilization of a water reservoir[M]. Billerica: Computational Mechanics Inc. , 1995.

[113] Dorigo M, Maniezzo V, Colorni A. The ant system: An autocatalytic optimizing process[R]. Milano: Politecnico di Milano, 1991.

[114] 周念来, 纪昌明. 基于蚁群算法的水库调度图优化研究[J]. 武汉理工大学学报, 2007, 29(5): 61-64.

[115] Eberhart R C, Kennedy J. A new optimizer using particle swarm theory[A]. Proceedings of the sixth international symposium on micro machine and human science[C]. Nagoy: [s. n.], 1995.

[116] Price KV, Storn R. Differential evolution—a simple evolution strategy for fast optimization [J]. Dr Dobb's Journal, 1997, 22: 18-24.

[117] 原文林, 黄强, 万芳, 等. 梯级水库联合优化调度的差分演化算法研究[J]. 水力发电学报, 2008, 27(5): 23-27.

[118] 王文川, 徐冬梅, 邱林, 等. 差分进化算法在水电站优化调度中的应用[J]. 水电能源科学, 2009, 27(3): 162-164.

[119] 卢有麟, 周建中, 李英海, 等. 混沌差分文化算法及其仿真应用研究[J]. 系统仿真学报, 2009, 21(16): 5107-5111.

[120] 杨鸿铎, 张志刚, 黄伟军. 差分进化算法及其在水电站厂内经济运行中的应用[J]. 中国农村水利水电, 2009(7): 113-115.

[121] 张志刚, 姜勤. 基于差分进化算法的水电站短期经济运行研究[J]. 电

网与清洁能源,2009,25(2):50-54.

[122] 卢有麟,周建中,覃晖,等. 基于自适应混合差分进化算法的水火电力系统短期发电计划优化[J]. 电网技术,2009,33(13):32-36.

[123] 覃晖,周建中,王光谦,等. 基于多目标差分进化算法的水库多目标防洪调度研究[J]. 水利学报,2009,40(5):513-519.

[124] 覃晖,周建中,肖舸,等. 梯级水电站多目标发电优化调度[J]. 水科学进展,2010,21(3):377-384.

[125] 张楠,夏自强,江红. 基于多因子量化指标的支持向量机径流预测[J]. 水利学报,2010,41(11):1318-1324.

[126] 张俊,程春田,申建建,等. 基于蚁群算法的支持向量机中长期水文预报模型[J]. 水力发电学报,2010,29(6):34-40.

[127] 刘冀,王本德,袁晶瑄,等. 基于相空间重构的支持向量机方法在径流中长期预报中应用[J]. 大连理工大学学报,48(4):591-595.

[128] Hydrologic Engineering Center(HEC), HEC-3:Reservoir System Analysis,Technical Report [M]. Davis:US Army Corps of Engineers,1971.

[129] Hydrologic Engineering Center(HEC),HEC-5:Simulation of Flood Control and Conservation Systems,Documentation and User's Manual [R]. Davis:US Army Corps of Engineers,1989.

[130] Klipsch J D. HEC- ResSim:Reservoir System Simulation, User's manual[R]. Davis:US Army Corps of Engineers,2003.

[131] Ampitiyawatta A D,郭生练,李玮. 清江梯级水库 HEC-ResSim 模型调度规则研究[J]. 水力发电,2008,34(1):15-17.

[132] 麻荣永. 水电站水库随机优化方法[M]. 北京:中国水利水电出版社,2000.

[133] Luthra S S,Arora S R. Optimal design of single reservoir system using δ release policy[J]. Water Resources Research,1976,12(4):606-612.

[134] 张明波. 随机约束线性规划在水库综合利用中的应用[J]. 人民长江,1996,27(6):24-26.

[135] 方红远. 机遇约束模型、随机模拟技术在水库规划研究中的应用[J].

水利学报,1997(6):53-59.

[136] 纪昌明,冯尚友.可逆性随机动态规划模型及其在库群优化运行中的应用[J].武汉水利电力大学学报,1993,26(3):300-306.

[137] 廖伯书,张勇传.水库优化运行的随机多目标动态规划模型[J].水利学报,1989(12):43-49.

[138] 陈守煌,邱林.水资源系统多目标模糊优选随机动态规划及实例[J].水利学报,1993(8):43-48.

[139] 林峰,戴国瑞.库群优化调度的随机动态规划参数迭代法[J].武汉水利电力学院学报,1989,22(4):55-61.

[140] 纪昌明,冯尚友.可逆性随机动态规划模型及其在库群优化运行中的应用[J].武汉水利电力大学学报,1993,26(3):300-306.

[141] 徐鼎甲,戴国瑞,邓纪德,等.用双向惩罚系数随机动态规划进行综合利用水库优化调度[J].水利学报,1993(10):28-32.

[142] 唐国磊,周惠成,李宁宁,等.一种考虑径流预报及其不确定性的水库优化调度模型[J].水利学报,2011,42(6):641-647.

[143] 徐炜,张弛,彭勇,等.基于降雨预报信息的梯级水电站不确定优化调度研究 I:聚合分解降维[J].水利学报,2013a,44(8):924-933.

[144] 徐炜,彭勇,张弛,等.基于降雨预报信息的梯级水电站不确定优化调度研究 II:耦合短中期预报信息[J].水利学报,2013b,44(10):1189-1196.

[145] Unny T E,Divi R,Hinton B,et al. A model for real-time operation of a large multi-reservoir hydroelectric system [A]. Proceedings of the International Symposium on Real-Time Operation of Hydrosystems [C]. Waterloo:[s. n.],1981.

[146] Jr C R P,Kitanidis P K. Limitations of deterministic optimization applied to reservoir operations[J]. Journal of Water Resources Planning and Management,1999,125(3):135-142.

[147] 张勇传,刘鑫卿,王麦力,等.水库群优化调度函数[J].水电能源科学,1988,6(1):69-79.

[148] 陈洋波,陈惠源.水电站库群隐随机优化调度函数初探[J].水电能源

科学,1990,8(3):216-223.

[149] 姚华明,矛茗,钟琦,等.水库群最优调度函数的研究[J].水电能源科学,1990,8(1):85-90.

[150] 黄强,王世定.水库的线性和非线性调度规则的研究[J].西北水资源与水工程,1992,3(3):10-17.

[151] 万俊,于馨华,张开平,等.综合利用小水库群优化调度研究[J].水利学报,1992(10):84-89.

[152] 袁宏源,罗洋涛,秦师华,等.水库群优化运行的混合回归疏系数模型[J].水电能源科学,1994,12(4):230-236.

[153] 裴杏莲,汪同庆,戴国瑞,等.调度函数与分区控制规则相结合的优化调度模式研究[J].武汉水利电力大学学报,1994,27(4):382-387.

[154] 雷晓云,陈惠源,荣航仪,等.水库群多级保证率优化调度函数的研究及应用[J].灌溉排水,1996,15(2):14-18.

[155] 周晓阳,马寅午,张勇传.梯级水库的参数辨识型优化调度方法(Ⅱ)——最优调度函数的确定[J].水利学报,1999(9):10-19.

[156] 李承军,陈毕胜,张高峰.水电站双线性调度规则研究[J].水力发电学报,2005,24(1):11-15.

[157] 刘攀,依俊楠,徐小伟,等.水文资料长度对隐随机优化调度规则的影响研究[J].水电能源科学,2011,29(4):46-47.

[158] 李立平,刘攀,张志强,等.基于遗传规划的水电群优化调度规则研究[J].中国农村水利水电,2013,44(2):134-137.

[159] 周研来,郭生练,刘德地.混联水库群的双量调度函数研究[J].水力发电学报,2013,32(3):55-61.

[160] 王金龙,黄炜斌,马光文,等.门限回归模型在梯级水电站群联合优化调度规则中的应用[J].水力发电学报,2014,33(1):50-57.

[161] 胡铁松,袁鹏,丁晶.人工神经网络在水文水资源中的应用[J].水科学进展,1995,6(1):76-82.

[162] 畅建霞,黄强,王义民.西安市供水水库群优化调度函数的神经网络求解方法[J].水电能源科学,2000,18(4):9-11.

［163］ 畅建霞,黄强,王义民.基于改进 BP 网络的西安供水水库群优化调度函数的求解方法[J].西安理工大学学报,2001,17(2):169-173.

［164］ 陈建康,马光文.水库最优调度规则的神经网络模型[J].四川水力发电,2001,20(2):94-95.

［165］ 缪益平,纪昌明.运用改进神经网络算法建立水库调度函数[J].武汉大学学报:工学版,2003,36(1):42-44.

［166］ 张保生,纪昌明,陈森林.多元线性回归和神经网络在水库调度中的应用比较研究[J].中国农村水利水电,2004(7):29-32.

［167］ 马细霞,夏龙兴.昭平台水库调度函数的人工神经网络模型[J].水电能源科学,2005,23(3):20-22.

［168］ 赵基花,付永锋,沈冰,等.建立水库优化调度函数的人工神经网络方法研究[J].水电能源科学,2005,23(2):28-30.

［169］ 刘攀,郭生练,庞博,等.三峡水库运行初期蓄水调度函数的神经网络模型研究及改进[J].水力发电学报,2006,25(2):83-89.

［170］ 吴佰杰,李承军,查大伟.基于改进 BP 神经网络的水库调度函数研究[J].人民长江,2010,41(10):59-62.

［171］ 舒卫民,马光文,黄炜斌,等.基于人工神经网络的梯级水电站群调度规则研究[J].水力发电学报,2011,30(2):11-14.

［172］ 左吉昌,李承军,樊荣.水库优化调度函数的 SVM 方法研究[J].人民长江,2007,37(1):8-9.

［173］ 张雯怡,黄强,陈晓楠.基于遗传程序设计的水库年末水位预测模型[J].水电自动化与大坝监测,2005,29(6):62-64.

［174］ Fallah-Mehdipour E, Haddad O B, Mariño M A. Real-time operation of reservoir system by genetic programming [J]. Water Resources Management,2012,26(14):4091-4103.

［175］ Fallah-Mehdipour E, Haddad O B, Mariño M A. Developing reservoir operational decision rule by genetic programming [J]. Journal of Hydroinformatics,2013,15(1):103-119.

［176］ Akbari-Alashti H, Haddad O B, Mariño M A. Application of Fixed

Length Gene Genetic Programming（FLGGP）in Hydropower Reservoir Operation[J]. Water Resources Management,2015,29(9):3357-3370.

[177] 张铭,王丽萍,安有贵,等. 水库调度图优化研究[J]. 武汉大学学报（工学版）,2004,37(3):5-7.

[178] 李玮,郭生练,朱凤霞,等. 清江梯级水电站联合调度图的研究与应用[J]. 水力发电学报,2008,27(5):10-15.

[179] 邵琳,王丽萍,黄海涛,等. 梯级水电站调度图优化的混合模拟退火遗传算法[J]. 人民长江,2010,41(3):34-37.

[180] 杨子俊,王丽萍,邵琳,等. 基于粒子群算法的水电站水库发电调度图绘制[J]. 电力系统保护与控制,2010(14):59-62.

[181] 程春田,杨凤英,武新宇,等. 基于模拟逐次逼近算法的梯级水电站群优化调度图研究[J]. 水力发电学报,2010,29(6):71-77.

[182] 王旭,雷晓辉,蒋云钟,等. 基于可行空间搜索遗传算法的水库调度图优化[J]. 水利学报,2013,44(1):26-34.

[183] 雍婷,许银山,梅亚东. 基于生态流量要求的调度图优化及生态库容研究[J]. 水力发电学报,2013(1):89-95.

[184] 纪昌明,蒋志强,孙平,等. 李仙江流域梯级总出力调度图优化[J]. 水利学报,2014,45(2):197-204.

[185] 刘烨,钟平安,郭乐,等. 基于多重迭代算法的梯级水库群调度图优化方法[J]. 水利水电科技进展,2015(1):85-88.

[186] 刘攀,郭生练,王才君,等. 三峡水库动态汛限水位与蓄水时机选定的优化设计[J]. 水利学报,2004(7):86-91.

[187] 尹正杰,胡铁松,崔远来,等. 水库多目标供水调度规则研究[J]. 水科学进展,2005,16(6):875-880.

[188] Liu P,Guo S,Xiong L,et al. Deriving reservoir refill operating rules by using the proposed DPNS model[J]. Water Resources Management,2006,20(3):337-357.

[189] 王东泉,李承军,张铭. 基于遗传算法的水库中长期调度函数研究[J]. 水力发电,2006,32(10):92-94.

［190］ 刘攀,郭生练,张文选,等. 梯级水库群联合优化调度函数研究[J]. 水科学进展,2007,18(6):816-822.

［191］ 冯雁敏,李承军,张铭. 基于改进粒子群算法的水库中长期调度函数研究[J]. 水力发电,2008,34(2):94-97.

［192］ Han J C, Huang G H, Zhang H, et al. Fuzzy constrained optimization of eco—friendly reservoir operation using self—adaptive genetic algorithm: a case study of a cascade reservoir system in the Yalong River, China [J]. Ecohydrology,2012,5(6):768-778.

［193］ Zhang Z, Zhang S, Wang Y, et al. Use of parallel deterministic dynamic programming and hierarchical adaptive genetic algorithm for reservoir operation optimization[J]. Computers & Industrial Engineering,2013,65(2): 310-321.

［194］ Hu M, Huang G H, Sun W, et al. Multi-objective ecological reservoir operation based on water quality response models and improved genetic algorithm: A case study in Three Gorges Reservoir, China [J]. Engineering Applications of Artificial Intelligence,2014,36:332-346.

［195］ Tsai W P, Chang F J, Chang L C, et al. AI techniques for optimizing multi-objective reservoir operation upon human and riverine ecosystem demands[J]. Journal of Hydrology,2015,530:634-644.

［196］ Ahmadi M, Haddad O B, Mariño M A. Extraction of flexible multi-objective real-time reservoir operation rules[J]. Water Resources Management, 2014,28(1):131-147.

［197］ Ngoc T A, Hiramatsu K, Harada M. Optimizing the rule curves of multi-use reservoir operation using a genetic algorithm with a penalty strategy [J]. Paddy and Water environment,2014,12(1):125-137.

［198］ Chen D, Chen Q, Leon A S, et al. A Genetic Algorithm Parallel Strategy for Optimizing the Operation of Reservoir with Multiple Eco-environmental Objectives [J]. Water Resources Management,2016,30(7): 2127-2142.

［199］郭旭宁,秦韬,雷晓辉,等.水库群联合调度规则提取方法研究进展[J].水力发电学报,2016,35(1):19-27.

［200］Afshar M H. Large scale reservoir operation by constrained particle swarm optimization algorithms［J］. Journal of Hydro-environment Research, 2012,6(1):75-87.

［201］Zhang R, Zhou J, Ouyang S, et al. Optimal operation of multi-reservoir system by multi-elite guide particle swarm optimization［J］. International Journal of Electrical Power & Energy Systems,2013,48:58-68.

［202］Guo X, Hu T, Wu C, et al. Multi-objective optimization of the proposed multi-reservoir operating policy using improved NSPSO［J］. Water resources management,2013,27(7):2137-2153.

［203］纪昌明,周婷,王丽萍,等.水库水电站中长期隐随机优化调度综述[J].电力系统自动化,2013,16:129-135.

［204］Zhang Z, Jiang Y, Zhang S, et al. An adaptive particle swarm optimization algorithm for reservoir operation optimization［J］. Applied Soft Computing,2014,18:167-177.

［205］王士武,王贺龙,温进化.水库调度图优先控制线优化方法研究[J].水力发电学报,2015,34(6):35-40.

［206］Spiliotis M, Mediero L, Garrote L. Optimization of hedging rules for reservoir operation during droughts based on particle swarm optimization［J］. Water Resources Management,2016,30(15):5759-5778.

第 2 章　对冲规则在梯级水库中的应用研究

2.1　引言

水电站群优化调度[1]通过库群的水力电力以及库容补偿作用,在时空上重新分配水资源,达到兴利除害的目的。通常由于径流的不确定性以及年内的分配不均,水电站的发电常常遭到一定程度的破坏(主要体现在水电站发电保证率上)。目前,用于水电站(群)运行的调度规则通常有:线性调度规则[2-3]、水库调度图[4-5]、神经网络[6-7]、决策树[8]、判别式法[9]等。由于水库群调度的复杂性和多维性,非线性的水库调度规则通常能更好地表示水库优化调度过程,线性水库调度规则的效果较差。水库常规调度图是最基本的水库运行指导工具,它反映了各个部门的不同要求以及调度的原则,但是未能考虑未来径流的变化,并且通常用于指导单一水库运行。随着人工神经网络等人工智能技术的发展,也在水库调度领域得到了广泛的使用,但是受制于算法本身存在的结构和参数表达,可能具有学习速度缓慢、陷入局部最优等问题。判别式法主要依据水库 K 值的大小决定水库蓄水或者放水,但是需要根据实际情况进行调整。

对冲规则(Hedging Rule, HR)是相对于简化运行策略所提,主要是为了充分考虑未来径流的预测过程,及时采取措施来使水库的运用效益最大化。You 和 Cai[10-11]分别从理论方法和数值模拟两方面,采用概念性两阶段对冲模型,考虑未来径流的不确定性,详细叙述和推导了可用水量、需水量、入流不确定性以及蒸发渗漏之间的关系,对该规则在水库优化调度中进行了深入探讨。Tu 等[12]通过建立一个混合整数线性规划模型,将传统水库调度图和对冲规则相结合,对多目标的大规模混联水电站群进行模拟运行。在中国台湾南部的研究发现,在干旱时期采用对冲规则和调度图相结合的方法指导水库运行,可以有效提前减小供水量,缓解干旱造成的影响。但是该规则主要用于供水水库的调度中,对冲规则在发电水库中的应用较少。

为避免梯级水电站遭遇长时间持续性破坏,类似供水调度中后期无水可用现象,有必要将用于供水调度的对冲规则进行借鉴,将对冲规则应用于发电水库的调度中。针对以往确定优化模型中认为径流是确定性过程,采用径流分析方法分析中长期径流预测的误差,为使结果更准确,量纲统一,采用能量聚合制定对冲规则,最后采用多目标优化算法(遗传算法和粒子群算法)对所提规则进行优化,得到梯级发电水库的优化对冲调度规则。以清江梯级水电站群作为研究对象,采用1951—2005年的旬平均流量资料进行优化计算,将优化对冲规则模拟运行过程同常规调度图模拟运行方法进行对比,分析对冲规则在梯级发电水库中的可用性,探索为防止梯级水电站运行过程遭遇持续性破坏和梯级水库中长期发电计划的制定的新途径。

2.2 优化模型和计算流程

2.2.1 研究思路

本章构建了一种以保证发电的连续性和避免发电破坏的持续性为目标的水库调度对冲规则。建立一个确定性多目标优化调度模型,通过能量转化达到量纲统一,利用多目标算法进行求解,并采用多个指标对调度方案进行综合评价。在实际使用时考虑水文预报的误差,对冲规则的提取流程见图2-1。

2.2.2 对冲规则简介

水电站的总装机为 N MW,装机 T 台,根据每台机组的装机容量将其 m 等分,单机装机容量较小,m 可取1或2;单机装机容量较大,m 可取2或3。规则形式见图2-2。同时可以按照汛期和非汛期、月份或者季度制定不同的发电对冲规则。该规则的优点在于:操作简单同时能够使机组处于效率较高的状态运行。

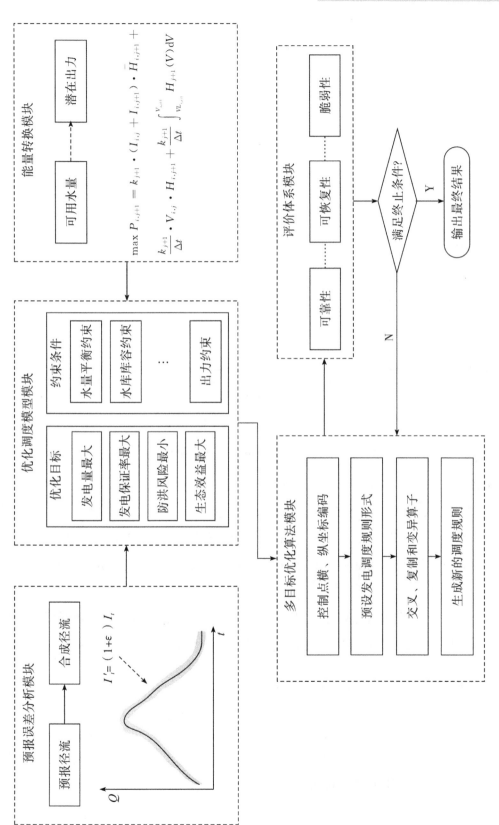

图2-1 对冲规则的提取流程

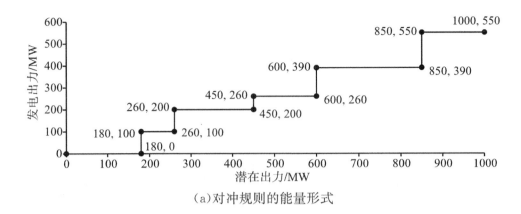

（a）对冲规则的能量形式

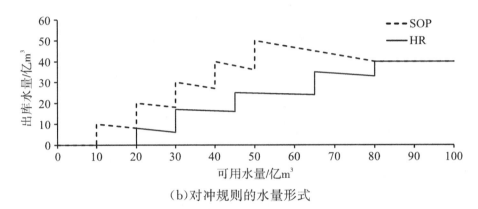

（b）对冲规则的水量形式

图 2-2　对冲规则的能量形式和水量形式

梯级发电水库的对冲规则定义如下：

潜在出力大于 0 等于且小于 $\mathrm{max}P_1$，采用出力为 N/mT MW 发电；

潜在出力大于等于 $\mathrm{max}P_1$ 且小于 $\mathrm{max}P_2$，采用出力为 $2N/mT$ MW 发电；

潜在出力大于等于 $\mathrm{max}P_2$ 且小于 $\mathrm{max}P_3$，采用出力为 $3N/mT$ MW 发电；

……

潜在出力大于等于 $\mathrm{max}P_{n-1}$ 且小于 $\mathrm{max}P_n$，采用出力为 N MW 发电。

式中：$\mathrm{max}P_i$ 表示时段初始时刻水电站的潜在出力（MW）。

2.2.3　确定性多目标优化调度模型

2.2.3.1　优化目标

当水库面临多种目标时，可建立确定性多目标优化调度模型，使水库的综合效益最大化，优化的主要目标如下。

1)最大化水电站系统的总发电量:

$$\max \sum_{i=1}^{n} \sum_{j=1}^{m} P_{i,j} \cdot \Delta t \tag{2-1}$$

式中:n——划分的调度时段数目;

m——梯级水库群中电站数目;

Δt——调度期的时段长度;

$P_{i,j}$——i 时段 j 电站的出力,计算公式如下:

$$P_{i,j} = \min(K_j \cdot Q_{i,j} \cdot \bar{H}_{i,j}, f_{\max}(\bar{H}_{i,j})) \tag{2-2}$$

式中:k_j——j 水电站的综合出力系数;

$Q_{i,j}$——j 水库在 i 时段的出流;

函数 $f_{\max}(\bar{H}_{i,j})$——j 水库在 i 时段的机组出力限制曲线;

$\bar{H}_{i,j}$——j 水电站 i 时段的平均发电水头;

j 水电站在 i 时段的平均水头为:

$$\bar{H}_{i,j} = f_{ZV}\left(\frac{V_{i,i} + V_{i+1,i}}{2}\right) - f_{ZQ}(Q_{i,j}) \tag{2-3}$$

式中:$f_{ZV}(\cdot)$——j 水电站的水位和库容之间的函数关系;

$f_{ZQ}(\cdot)$——j 水电站的下游水位和尾水流量之间的函数关系。

2)梯级水电站群的发电保证率最大:

$$\max \frac{\mathrm{num}(\sum_{j=1}^{m} P_{i,j} \geqslant P_{\min})}{n} \tag{2-4}$$

式中:$P_{\min}$——梯级水电站群的保证出力;

$\mathrm{num}(\sum_{j=1}^{m} P_{i,j} \geqslant P_{\min})$——各个时段中梯级水电站群总出力大于梯级保证出力的次数。

3)下游遭遇洪水的风险最小:

$$\max \frac{\mathrm{num}(Q_{i,j} \leqslant Q_{\mathrm{safe}})}{n} \tag{2-5}$$

式中:Q_{safe}——下游防洪控制点的安全泄量;

$\mathrm{num}(Q_{i,j} \leqslant Q_{\mathrm{safe}})$——各个时段中下泄流量小于等于安全泄量的次数。

4)生态流量满足率最大：

$$\max \frac{num(Q_{i,j} \geqslant Q_{eco})}{n} \tag{2-6}$$

式中：Q_{eco}——下游河道的最小生态流量；

$num(Q_{i,j} \geqslant Q_{eco})$——各个时段中下泄流量大于等于生态流量的次数。

2.2.3.2 约束条件

1)水量平衡约束：

$$V_{i+1,j} = V_{i,j} + (I_{i,j} - Q_{i,j}) \cdot \Delta t + \Delta \varepsilon \tag{2-7}$$

式中：$V_{i+1,j}$——$i+1$ 时段初 j 水库的库容；

$V_{i,j}$——i 时段初 j 水库的库容；

$I_{i,j}$——i 时段 j 水库的入库流量；

$Q_{i,j}$——i 时段 j 水库的出库流量；

$\Delta \varepsilon$——蒸发、渗漏等损失水量，通常可不计。

2)库容约束：

$$VL_{i,j} \leqslant V_{i,j} \leqslant VU_{i,j} \tag{2-8}$$

式中：$VL_{i,j}$——i 时段 j 水库的最小库容，一般情况下取水库死水位所对应的库容；

$VU_{i,j}$——i 时段 j 水库的允许达到的最大库容，取值在汛期同非汛期有很大差别。

3)水库出库流量约束：

$$QL_{i,j} \leqslant Q_{i,j} \leqslant QU_{i,j} \tag{2-9}$$

式中：$QL_{i,j}$——i 时段 j 水库的最小出库流量，一般受下游航运等因素的制约；

$QU_{i,j}$——i 时段 j 水库的最大出库流量，一般受水库的最大泄流能力和下游防洪要求等因素的制约。

4)上下游水库间水量平衡约束：

$$I_{i,j+1} = Q_{i,j} + QJ_{i,j} \tag{2-10}$$

式中：$I_{i,j+1}$——i 时段 $j+1$ 水库的入库流量；

$QJ_{i,j}$——i 时段 j 水库与 $j+1$ 水库的区间流量。

5)电站出力约束：

$$PL_{i,j} \leqslant P_{i,j} \leqslant PU_{i,j} \tag{2-11}$$

式中：$PL_{i,j}$——i 时段 j 电站的最小出力；

$PU_{i,j}$——i 时段 j 电站的最大出力。

6）始末状态约束：

$$Z_{i,1} = Z_{b,j}$$
$$Z_{i,n+1} = Z_{e,j}$$

(2-12)

式中：$Z_{b,j}$——j 水库在调度期的起始水位；

$Z_{e,j}$——j 水库在调度期的末水位。

2.2.4 优化算法

2.2.4.1 多目标遗传算法

多目标遗传算法[13−14]（Non-dominated Sorting Genetic Algorithm-Ⅱ，NSGA-Ⅱ）引入精英策略，将搜索过程中得到的最好的解保留下来，利用拥挤度计算和快速非支配排序，提高了算法效率。该算法程序流程见图 2-3。目前，该算法简单易用，已在水文水资源中得到广泛应用。如 Chang 和 Chang[15]采用多目标遗传算法来最小化水库缺水指数，处理多目标的中国台湾水库群联合供水模型，同常规方法相比，有效解决了水资源的合理配置。Reddy 和 Kumar[16]采用该算法协调印度复杂水库群的水力发电、灌溉和下游对水质的要求，通过多目标优化计算，提供了一系列的非劣解集供调度人员参考。

2.3.4.2 粒子群算法

粒子群算法[17−19]（Particle Swarm Optimization，PSO）采用"群体"与"进化"的概念，依据个体的适应值大小，通过粒子在解空间追随最优的粒子而进行搜索寻优计算。

PSO 算法的进化方程为：

$$v_{ij}^{k+1} = wv_{ij}^k + c_1 r_1 [p_{ij} - x_{ij}^k] + c_2 r_2 [p_{gj} - x_{ij}^k]$$

(2-13)

$$x_{ij}^{k+1} = x_{ij}^k + v_{ij}^{k+1}$$

(2-14)

式中：w——惯性权重，主要用于调整局部搜索和全局搜索的比例；

v_{ij}——微粒速度，$v_{ij} \in [-v_{max}, v_{max}]$；

c_1，c_2——加速度常数，表示将每个微粒推向 P_{best} 和 G_{best} 的权重；

r_1 和 r_2——区间[0,1]随机常数。

由上面公式可知，微粒的飞行速度主要由 3 个部分组成，即通过惯性权重协调局部和整体寻优的关系;通过自身对比防止局部最优;通过信息共享实现整体最优解。其中信息共享是粒子群算法的优势。

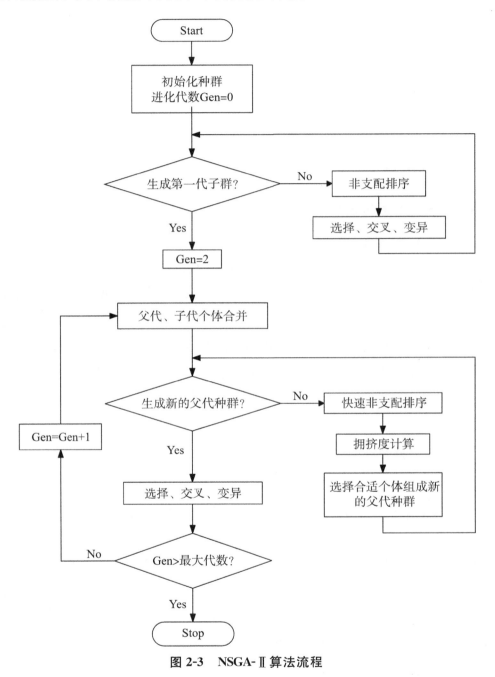

图 2-3　NSGA-Ⅱ算法流程

PSO算法实现的具体运算步骤如下。

步骤1:初始化群体规模、随机位置和速度;

步骤2:评价每个微粒的适应度;

步骤3:将每个微粒的适应度与其经历过的最好位置 P_{best} 作比较,并保留最好位置 P_{best};

步骤4:将每个微粒的适应度与其全局所经历的最好位置 G_{best} 作比较,如果较好,则重新设置 G_{best} 的索引号;

步骤5:根据式(2-13)和式(2-14)更新微粒的速度和位置。

2.2.5 潜在出力

水电站群的能量主要来源于两个方面:入能和蓄能。对于单一水电站 j,水电站的入能按照如下定义计算:

$$r_{i,j} = k_j \cdot I_{i,j} \cdot \bar{H}_{i,j} \tag{2-15}$$

式中:$r_{i,j}$——j 水电站在 i 时段的入能;

$I_{i,j}$——j 水电站 i 时段的入流。

单一水电站的蓄能按照如下定义计算:

$$x_{i,j} = \frac{k_j}{\Delta t} \int_{\text{VL}_{i,j}}^{V_{i,j}} H_j(V) \mathrm{d}V \tag{2-16}$$

式中:$x_{i,j}$——j 水电站在 i 时段的蓄能;

Δt——调度期的时间间隔;

$\text{VL}_{i,j}$——j 水电站在 i 时段的最小库容;

$H_j(V)$——在不同库容 V 下,所对应的平均出力水头,平均出力水头的计算参照式(2-3)。

潜在出力即为把入能和蓄能相加即可,公式如下:

$$\max P_{i,j} = r_{i,j} + x_{i,j} \tag{2-17}$$

2.2.6 预报误差

对水文预报中的误差来源与引起原因进行详细探讨[20-21],在入库径流过程已知、误差满足正态分布的前提下,可以建立确定性系数和与预报误差的相关关系,两者之间的关系式如下:

$$\delta_1 = \sqrt{(1-R^2)\sum_{t=1}^{n}(I_t - \bar{I})^2 / \sum_{t=1}^{n} I_t^2} \tag{2-18}$$

式中:δ_1——预报误差的标准差;

R^2——确定性系数;

$\overline{I}$——实测流量 I_t 的均值。

该式表明，通过已知的确定性系数可以推求预报误差的标准差，若未知预报的确定性系数，可根据预报的方案等级，选取确定性系数，进而计算预报误差的标准差进行随机模拟计算。t 时刻的预报入库径流 I'_t 可以通过下式计算：

$$I'_t = (1+\varepsilon)I_t \tag{2-19}$$

2.2.7 评价指标

为了给决策者提供更为科学、准确的调度决策依据，所建立的评价体系主要包括以下几个指标：

1）可靠性指标：

$$\gamma = \frac{\text{int}\sum(P_i \geqslant TP_i)}{n} \tag{2-20}$$

式中：$\text{int}\sum(P_i \geqslant TP_i)$ ——调度结果中 i 时段出力 P_i 大于等于 TP_i 的次数。

2）可恢复性指标：

$$\beta = \frac{\text{int}\sum(P_i < TP_i \& P_{i+1} \geqslant TP_{i+1})}{n - \text{int}\sum(P_i \geqslant TP_i)} \tag{2-21}$$

式中：$\text{int}\sum(P_i < TP_i \& P_{i+1} \geqslant TP_{i+1})$ ——i 时段出力 P_i 小于 TP_i 并且 $i+1$ 时段出力 P_{i+1} 大于等于 TP_{i+1} 的次数。

3）脆弱性指标：

$$\zeta = \max(\text{int}\sum_{i=1}^{n}(TP_i > P_i)) \tag{2-22}$$

式中：$\max(\text{int}\sum_{i=1}^{n}(TP_i > P_i))$ ——连续出现 P_i 小于 TP_i 的时段数，它表示电站发生持续性破坏的程度。

2.3 实例研究

2.3.1 常规调度

以清江梯级为研究对象，清江梯级包括水布垭、隔河岩、高坝洲水电站。现以水布垭水库调度图（图2-4）为例进行说明。图中防破坏线亦称为上基本调度线,限制出力线亦称为下基本调度线。该示意图所反映的调度规则如下。

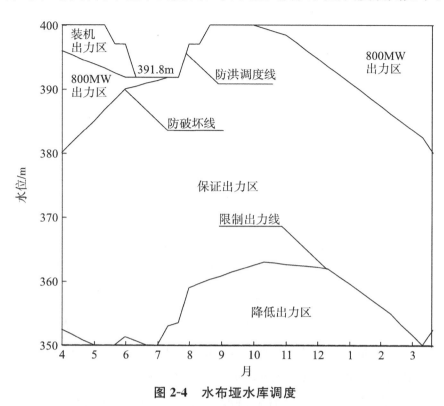

图 2-4 水布垭水库调度

1)当水库实际蓄水位落于上、下基本调度线及两线之间的保证出力区时,水电站按保证出力工作,即水电站出力 $N=310\text{MW}$;

2)当水库实际蓄水位落于上基本调度线与 800MW 出力线之间的加大出力区时,水电站按加大出力工作,即 $N=800\text{MW}$;

3)当水库实际蓄水位落于 800MW 出力线及其以上的预想出力区时,水电站按预想出力工作,即 $N=1600\text{MW}$;

4)当水库实际蓄水位落于下基本调度线以下的降低出力区时,水电站按相应降低出力线所指示的出力工作,即 $N=250\text{MW}$;

5)当水库实际蓄水位上升至防洪限制水位 391.8m 后,进入防洪区时,水库按设计的调洪规则和调洪方式控制下泄,水电站按预想出力工作。

由于隔河岩水库常规调度图未考虑水布垭的径流调节作用,这里暂采用简化运行策略代替(保证出力取 241.5MW)。同时高坝洲水库调节性能较弱,当作径流式电站,根据常规调度计算方法,采用 1951—2005 年共 55 年径流资料,以旬为时段,进行模拟计算,得到的清江梯级常规调度结果见表 2-1。

表 2-1 清江梯级常规调度结果

电站名称	方案 1			方案 2		
	发电量 /(亿 kW·h)	弃水量 /亿 m³	保证率 /%	发电量 /(亿 kW·h)	弃水量 /亿 m³	保证率 /%
水布垭	35.39	3.81	65	35.68	4.54	—
隔河岩	29.42	7.66	98	28.40	8.21	—
高坝洲	8.63	13.18	45	8.56	14.10	—
梯级	73.44	24.65	43	72.65	26.85	92.17

注:方案 1 中,水布垭按调度图、隔河岩按简化运行策略(出力 241.5MW)计算;方案 2 中,水布垭(出力 310MW)、隔河岩(出力 261.5MW)均按简化运行策略计算。

由表 2-1 可以看出,水布垭水库按常规调度图、隔河岩水库按简化运行策略(出力 241.5MW)计算(方案 1),梯级年均发电量约 73.44 亿 kW·h,如果采用原设计保证出力 628.8MW 统计,梯级保证率仅 43%,与设计保证率 95% 有较大差距,这主要是因为在规划设计阶段中,未考虑其他用水需求。为了采用相同的对比条件,水布垭、隔河岩都采用简化运行策略,水布垭保证出力 310MW 不变,且将隔河岩保证出力提高到 261.5MW,得到常规调度结果见表 2-1 中的方案 2,该方案在梯级总保证出力维持原设计 628.8MW 不变的情况下,梯级发电保证率达到 92.17%,多年平均发电量为 72.65 亿 kW·h。

2.3.2 对冲规则提取

按照 2.2 小节中所提研究思路和计算方法,同样以清江梯级为研究对象,分别采用 NSGA-Ⅱ和 PSO 算法进行求解,主要以发电量最大和发电保证率最大为例,开展对冲提取研究。其中水布垭电站规则设定最小出力 310MW,出力间隔 230MW,隔河岩电站规则设定为最小出力 245MW,出力间隔 150MW,梯级保证出力取 628.8MW。

2.3.2.1 NSGA-Ⅱ优化

由于 NSGA-Ⅱ多目标遗传算法采用快速非支配分层排序和排挤机制算法,同时引入精英保留策略,能够保证解的多样性,从而使解更广泛地逼近 Pareto 最优前沿,算法比较成熟和稳健,有较强的寻优能力,这里采用 NSGA-Ⅱ来进行优化。采用多目标智能优化算法 NSGA-Ⅱ进行优化时,问题的编码方式十分重要。由于出力组合已经给定,这里采用预设调度线形状的方法[22],只需要确定横坐标(整数)的位置。由于 NSGA-Ⅱ遗传算法提供了混合编码方式,可以直接采用该算法进行优化求解。为了避免冗余编码,可假定每条调度线的时间坐标满足由小至大的顺序,这可在解码过程中予以实现。设置交叉概率为 0.88,变异概率为 0.15,进化代数为 400,种群个数为 80,经过优化计算,选取其中一个代表性非劣解,可知梯级模拟运行结果为 71.43 亿 kW·h,发电保证率为85.72%。具体结果见图 2-5 和表 2-2、表 2-3。

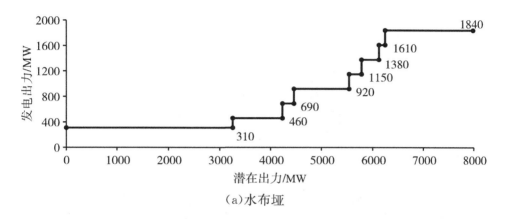

（a）水布垭

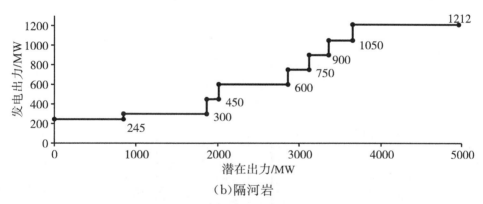

（b）隔河岩

图 2-5　NSGA-Ⅱ提取的代表性对冲规则示意图

表 2-2　不同规则下调度结果统计

调度方案	水布垭		隔河岩		高坝洲		清江梯级		
	发电量 /(亿 kW·h)	弃水量 /亿 m³	发电量 /(亿 kW·h)	弃水量 /亿 m³	发电量 /(亿 kW·h)	弃水量 /亿 m³	发电量 /(亿 kW·h)	弃水量 /亿 m³	发电保证率 /%
常规调度	35.68	4.54	28.40	8.21	8.56	14.10	72.65	26.85	92.17
NSGA-Ⅱ优化	34.83	3.96	27.54	9.76	9.06	16.43	71.43	30.15	85.72
PSO优化	35.17	4.08	27.93	9.47	9.13	15.94	72.23	29.49	87.47
确定性优化调度	37.10	0.21	31.54	0.31	9.32	4.47	77.96	4.98	96.06

表 2-3　改进对冲规则下调度结果统计

调度方案	水布垭		隔河岩		高坝洲		清江梯级		
	发电量 /(亿 kW·h)	弃水量 /亿 m³	发电量 /(亿 kW·h)	弃水量 /亿 m³	发电量 /(亿 kW·h)	弃水量 /亿 m³	发电量 /(亿 kW·h)	弃水量 /亿 m³	发电保证率 /%
NSGA-Ⅱ优化	36.16	2.86	29.65	6.49	9.18	8.96	74.99	18.31	93.95
PSO优化	36.28	2.73	30.19	5.82	9.21	8.16	75.68	16.71	94.48

2.3.2.2 PSO 优化

由于微粒群算法在发电水库调度应用方面仍处于研究阶段,其参数的设置依然没有通用的指导原则,主要根据试算确定参数。经过试算,选取粒子种群规模 M 为 30,加速度常数 c_1、c_2 均为 2.0,权重系数 w 为 0.5,内循环迭代次数为 20,v_{max} 为 0.5,α 取值 0.99 进行优化求解。经过优化计算,选取其中一个代表性非劣解,可知梯级模拟运行结果为 72.23 亿 kW · h,发电保证率为 87.47%。具体结果见图 2-6 和表 2-2、表 2-3。

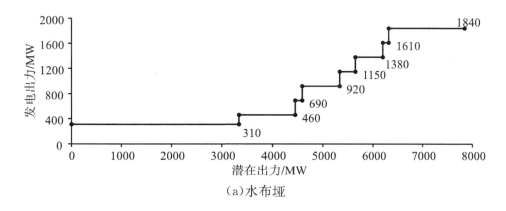

（a）水布垭

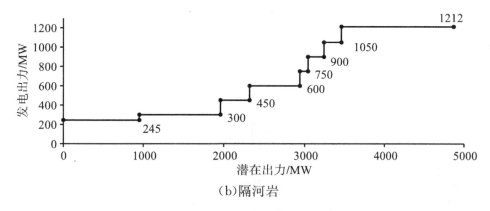

（b）隔河岩

图 2-6 PSO 提取的代表性对冲规则示意图

2.4 方案改进及结果分析

2.4.1 对冲规则与常规调度方案

从表 2-2 中可以看出,采用 NSGA-Ⅱ 和 PSO 算法的对冲规则模拟运行,发电量、弃水量以及梯级发电保证率都低于常规调度方案。主要原因在于常规调度方案考虑径流的年内分配问题,尤其在供水期,会降低出力,储存水量来抬高水头,进而提高梯级的发电保证率;而采用 NSGA-Ⅱ和 PSO 算法优化的对冲规则形式较为简单,在考虑预报(本章中只考虑向后一个时段)的情况下,期望发电决策可以随着潜在出力的变化而变化,但是可能出现在汛期来流量较大,潜在出力也较大,供水期水位较高,同时潜在出力也较大的情况,按照设定规则,将会增加出力,显然与供水期降低出力,抬高水位相矛盾,因此,需要对原定规则进行改进,降低供水期(12月—次年3月)的出力。其余时期仍然使用已优化规则,采用相同步骤进行优化,结果见表 2-3 和图 2-7、图 2-8。

从表 2-3 中可以看出,NSGA-Ⅱ和 PSO 的发电量从 71.43 亿 kW・h 和 72.23 亿 kW・h,分别提高到 74.99 亿 kW・h 和 75.68 亿 kW・h,梯级发电保证率分别提高到 93.95% 和 94.48%,弃水率也显著降低。

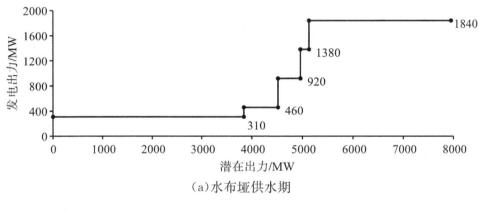

（a）水布垭供水期

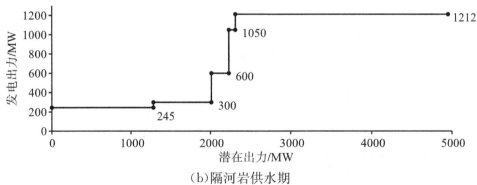

（b）隔河岩供水期

图 2-7　NSGA-Ⅱ提取的代表性供水期对冲规则示意图

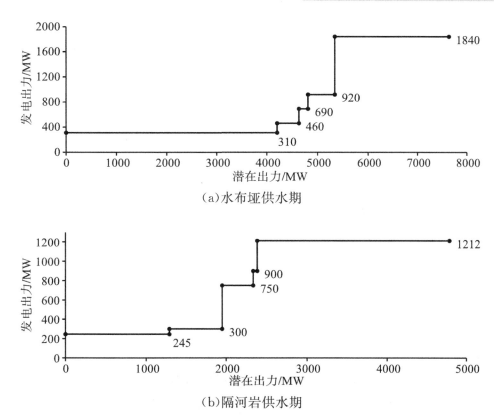

（a）水布垭供水期

（b）隔河岩供水期

图 2-8　PSO 提取的代表性供水期对冲规则示意图

从图 2-7 和图 2-8，以及图 2-5 和图 2-6 中不难发现，水布垭水库的 310～920MW 和隔河岩水库的 245～750MW 可操作性较大，其余时期的调度性较小，经过对 1951—2005 年清江梯级的逐旬优化调度结果统计发现，出力大多集中在该区域，说明 NSGA-Ⅱ 和 PSO 方法可以较好地提取优化调度规则，增加梯级发电效益，减少耗水量。

2.4.2　NSGA-Ⅱ 和 PSO 对比

采用评价指标体系对两种优化方法进行分析，统计结果见表 2-4。结果表明：①在计算时间上，由于本章优化数据较少，两种方法均可以较快地得到收敛结果；②在优化的规则上，PSO 的发电量和发电保证率优于 NSGA-Ⅱ，弃水量 16.71 亿 m^3 少于 NSGA-Ⅱ 弃水量的 18.31 亿 m^3；③在优化规则模拟运行的调度过程上，采用设定的评价体系分别统计，从表 2-4 中可以看出，NSGA-Ⅱ 的可恢复性为 38.49%，小于 PSO 的 50.67%，同时最长连续破坏时段数也多于 PSO 提取的调度规则。因此，PSO 在优化求解上效果优于 NSGA-Ⅱ 方法。对比分析两者提取的调度规则,PSO 方法提取的对冲规则稍滞后于 NSGA-Ⅱ规则,这也可以说明 PSO 规则更好地应用了对冲规则,提前降低出力,储存了更多的能量。

表 2-4 3 个评价指标的统计结果

评价指标	γ	β	ζ
NSGA-Ⅱ	93.95	38.49%	5
PSO	94.48	50.67%	3

2.5 本章小结

本章将水库供水调度中对冲规则应用于梯级水库的发电计划制定和稳定运行当中,建立多目标梯级水电站优化调度模型,为使量纲统一,采用能量形式预先设定发电限制规则的形式之后使用多目标优化算法(NSGA-Ⅱ 和 PSO)对模型进行求解,采用可靠性、可恢复性和脆弱性等评价指标来对调度过程及结果进行评价,以及在实际应用规则制定发电计划时考虑预报信息的误差,并在清江梯级开展了梯级发电水库的对冲规则提取,对结果进行分析研究,得到的主要结论如下。

1)相对于常规调度方法,所预设的对冲规则能有效地将发电量从常规方法的 72.65 亿 kW·h 分别提高到 74.99 亿 kW·h 和 75.68 亿 kW·h,梯级发电保证率分别提高到 93.95% 和 94.48%,弃水率也显著降低。提取的优化调度规则能够有效地增加发电效益,避免水电站群长时间持续性地被破坏。

2)NSGA-Ⅱ 与 PSO 方法相比,两者均能有效地处理多目标优化问题,较快地收敛到较满意的非劣解,在最终的调度结果上,PSO 方法模拟运行所得发电量和梯级发电保证率稍大于 NSGA-Ⅱ方法。

本章参考文献

[1] 郭生练,陈炯宏,刘攀,等. 水库群联合优化调度研究进展与展望[J]. 水科学进展,2010,21(4):496-503.

[2] Karamouz M,Houck M H,Delleur J W. Optimization and simulation of multiple reservoir systems[J]. Journal of Water Resources Planning and

Management,1992,118(1):71-81.

[3] Nalbantis I,Koutsoyiannis D. A parametric rule for planning and management of multiple-reservoir systems[J]. Water Resources Research,1997,33(9):2165-2177.

[4] Huang W C,Yuan L C. A drought early warning system on real-time multireservoir operations[J]. Water Resources Research,2004,40(6):W06401.

[5] Ngo L,Madsen H,Rosbjerg D. Simulation and optimisation modelling approach for operation of the Hoa Binh reservoir,Vietnam[J]. Journal of Hydrology,2007,336(3):269-281.

[6] Saad M,Turgeon A,Bigras P,et al. Learning disaggregation technique for the operation of long-term hydroelectric power systems[J]. Water Resources Research,1994,30(11):3195-3202.

[7] 胡铁松,万永华,冯尚友. 水库群优化调度函数的人工神经网络方法研究[J]. 水科学进展,1995,6(1):53-60.

[8] Wei C C,Hsu N S. Derived operating rules for a reservoir operation system:Comparison of decision trees,neural decision trees and fuzzy decision trees[J]. Water Resources Research,2008,44(2):W02428.

[9] 张铭,丁毅,袁晓辉,等. 梯级水电站水库群联合发电优化调度[J]. 华中科技大学学报(自然科学版),2006,34(6):90-92.

[10] You J Y,Cai X. Hedging rule for reservoir operations:1. A theoretical analysis[J]. Water Resources Research,2008,44(1):W01415.

[11] You J Y,Cai X. Hedging rule for reservoir operations 2:A numerical model[J]. Water Resources Research,2008,44(1):W01416.

[12] Tu M Y,Hsu N S,Yeh W W G. Optimization of reservoir management and operation with hedging rules[J]. Journal of Water Resources Planning and Management,2003,129(2):86-97.

[13] Srinivas N,Deb K. Multi-objective function optimization using non-dominated sorting genetic algorithms[J]. Evolutionary Computation,1995,2(3):221-248.

[14] Deb K,Pratap A,Agarwal S,et al. A fast and elitist multiobjective

genetic algorithm：NSGA-Ⅱ〔J〕. IEEE Transactions on Evolutionary Computation，2002，6（2）：182-197.

［15］ Chang L C，Chang F J. Multi-objective evolutionary algorithm for operating parallel reservoir system〔J〕. Journal ofHydrology，2009，377（1）：12-20.

［16］ Reddy M J，Kumar D N. Multiobjective differential evolution with application to reservoir system optimization〔J〕. Journal of Computing in Civil Engineering，2007，21（2）：136-146.

［17］ Robinson J，Sinton S，Rahmat Samii Y. Particle swarm，genetic algorithm，and their hybrids：optimization of a profiled corrugated hornantenna〔A〕. IEEE Antennas and Propagation Society International Symposium and URSI National Radio Science Meeting〔C〕. San Antonio：IEEE Xplore，2002.

［18］徐宁，李春光，张健，等.几种现代优化算法的比较研究〔J〕.系统工程与电子技术，2002，24（12）：100-103.

［19］宋朝红，罗强，纪昌明.基于混合遗传算法的水库群优化调度研究〔J〕.武汉大学学报（工学版），2003，36（4）：28-31.

［20］周惠成，王峰，唐国磊，等.二滩水电站水库径流描述与优化调度模型研究〔J〕.水力发电学报，2009，28（1）：18-24.

［21］闫宝伟，郭生练.考虑洪水过程预报误差的水库防洪调度风险分析〔J〕.水利学报，2012，43（7）：803-807

［22］刘攀，郭生练，李玮，等.遗传算法在水库调度中的应用综述〔J〕.水利水电科技进展，2006，26（4）：78-83.

第 3 章　降雨集合预报在梯级水库优化调度中的应用研究

3.1　引言

　　目前确定性的水库优化调度问题已经得到了较好的解决,但是由于未来径流的无规律性和不确定性,无法对未来径流进行精确描述,导致水库随机调度具有复杂性。随着气象模型的发展,相对于传统的数值天气预报,降雨集合预报可以提供更多的参考信息,同时目前中长期集合预报信息的可利用性较高,可考虑使用中长期降雨集合预报信息来延长水文预报的预见期,为实际调度提供更长的预见期[1-3]。

　　目前,国内外众多学者对降雨集合预报在水文水资源的应用展开了较多探讨。叶爱中[4]等采用全球预报系统降雨数据来驱动时变增益水文模型,以飞来峡流域为研究对象,揭示了降雨集合预报信息在水文预报中的优势。赵琳娜[5]等通过对黄淮地区进行降雨分区,探讨了降雨集合预报的多种评价方法。油芳芳[6]等采用欧洲中期天气预报中心(European Centre for Medium-Range Weather Forecasts,ECMWF)发布的汛期降雨集合数据同新安江模型进行耦合,分别采用控制值、均值和区间值来得到随机优化调度图。彭勇[7]等探讨了TIGGE 数据集在洪水预报方面的可用性,并提供了数据获取的方式,以恒仁水库为研究对象,分析发现成员预报结果普遍偏小,使用实测历史进行修正后,将其与新安江模型耦合,结果表明,使用降雨集合预报信息可以延长预见期,从一定程度上提高洪水预报的精度。2004 年发起的水文集合预报试验计划也对降雨集合预报在水文集合预报中的应用做了大量的研究工作[8-9]。Day[10]等探讨了考虑当前积雪量、土壤湿度、河流和水库当前状态以及历史气象数据的概念性水文或水力模型预测未来径流集合预报的理论和其在实际应用中潜力。Wood 和 Schaake[11]开展了季节性径流预报的校正方法评价和总结,结果表明,减小预测均值的误差和提高实时校正能力,可以有效地提升传统径流集合预报的精度,提高预测的可靠度和预报技能。基于集合预报的美国先进水文预报服务[12]和欧洲洪水预报预警系统[13-14]都给社会带来了显著的综合效益。Tejada-Guibert[15]等、You 和 Cai[16]还对预报信息在实际使用中的不确定性进行了探讨。

而径流的不确定性主要是由于降水的不确定性[17-18]。目前,短期预报已基本达到可利用水平[19-20]。中期降雨也具有较高的利用价值[21-22]。因此,为了合理地将预报信息应用到水库调度决策,与水库调度的耦合已成为研究热点。以往的研究集中在降雨集合预报在水文预报中的研究应用方面,同时降雨集合预报产品的使用方式没有统一的标准。推荐使用集合预报的均值、控制值以及区间值[23-25]。考虑到欧洲中期天气预报中心共发布 51 个,包含 1 个控制参数,其余参数通过对控制参数扰动得到的情况,采用贝叶斯模型平均方法对全体参数进行集成得到合成值,并同水文模型耦合,水文模型选用三水源新安江模型进行清江流域径流预报,通过遗传算法优选模型参数,用历史实测径流资料率定三水源新安江模型,再将欧洲中期天气预报中心发布的降雨集合预报信息作为清江流域未来径流预报的信息输入,以此获得流域未来的径流集合预报结果。建立中长期梯级水库随机动态规划模型,以流域未来 7d 降雨集合预报信息为基础,分别采用径流集合预报的合成值和区间值,进行优化求解,并对比分析采用不用径流信息的调度结果。

3.2　考虑降雨集合预报的径流预测

3.2.1　降雨集合预报获取

本章采用欧洲中期天气预报中心发布的 2007—2015 年的降雨集合预报数据,数据尺度为 24h,空间尺度为 0.5°×0.5°,预见期为 7d。

3.2.2　流域水文模型

3.2.2.1　模型简介

考虑流域具有蓄满产流的特点,选择三水源新安江模型进行产汇流计算。

1973 年,河海大学赵人俊等在对新安江水库[26]做入库流量预报时,开发完整的降雨径流模型,它适用于湿润地区和半湿润地区,且在湿润地区的主要产流方式是蓄满产流,流域蓄水容量曲线构成它的核心。三水源新安江模型的计算流程见图 3-1。

三水源新安江模型共有 15 个参数,分别控制蒸发、产流和汇流。控制蒸发的参数有:流域蒸散发折算系数 KC、深层蒸散发折算系数 C;产流的参数有:流域平均蓄水容量 WM、蓄水容量曲线的方次 B、上层土壤蓄水容量 WUM、下层土壤蓄水容量 WLM、自由水蓄水容量曲线指数 EX、流域平均自由水蓄水容量 SM、不透水面积比 IMP、壤中流出流系数 KI、地下径流出流系数 KG;控制汇流的参数有:壤中流径流消退系数 CI、地下径流消退系数 CG、汇流线性水库的数量 N、线性水库的蓄泄系数 K。

新安江模型的产流采用蓄满产流的方式,模型由蒸散发、蓄满产流、流域水源划分和汇流 4 个部分组成,在三水源新安江模型中,蒸散发计算采用三层模型。按照蓄满产流方式计算降雨的产流总量,把径流划分为地面径流、壤中流和地下径流,用流域蓄水曲线体现下垫面的不均匀对产流的影响。在汇流计算时,单位面积的地面径流采用单位线法,壤中流和地下径流采用线性水库法计算,河道汇流计算用马斯京根分段演算法或滞后演算法。地面径流,壤中流和地下径流的计算见如下步骤。

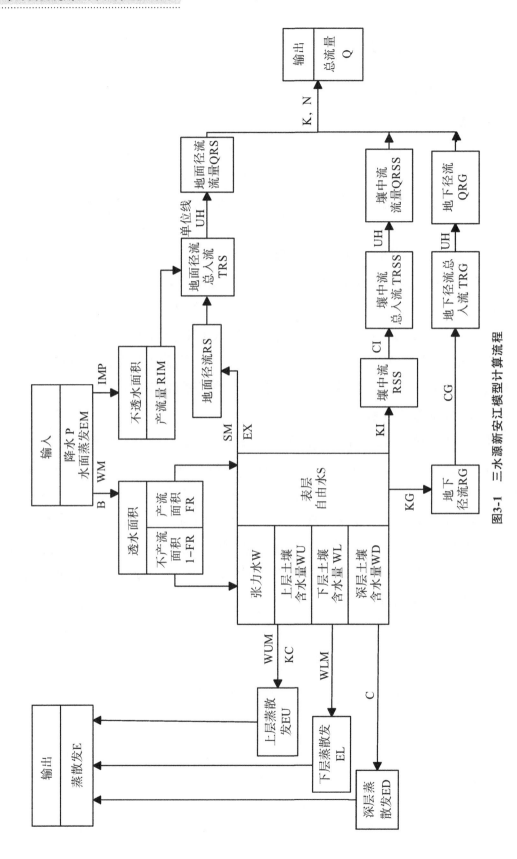

图3-1　三水源新安江模型计算流程

（1）地面径流汇流计算

流域汇流计算的方法较多,但在实际洪水预报工作中应用较多、效果较好的还是经验单位线法。三水源新安江模型的汇流模型结构示意图见图 3-2,结构计算公式如下。

$$QRS(t) = \sum_{i=1}^{N} RS(t-i+1)UH(i) \tag{3-1}$$

式中：$RS(i)$ ——时段地面净雨深；

UH ——Nash 瞬时单位线,其数学表达方式为：

$$UH(t) = \frac{1}{K'\Gamma(n)}\left(\frac{t}{K'}\right)^{n-1}e^{-t/K'} \tag{3-2}$$

式中：K' ——单个线性水库的蓄泄系数；

n ——线性水库的个数；

$\Gamma(\cdot)$ ——Gamma 函数。

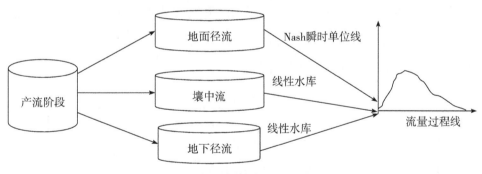

图 3-2　汇流计算结构示意图

（2）壤中流汇流计算

三水源新安江模型中,壤中流采用线性水库调蓄计算模型模拟其汇流过程,其基本方程为：

$$QRSS(t) = KKSS \times QRSS(t-1) + \frac{(1-KKSS) \times RSS(t) \times F}{3.6\Delta t} \tag{3-3}$$

式中：$RSS(t)$ ——流域平均壤中流净雨深；

F ——流域面积；

$KKSS$ ——流域壤中径流流量消退系数。

（3）地下径流汇流计算

流域地下径流采用线性水库蓄泄模型计算其汇流过程，基本计算方程式为：

$$QRG(t) = KKG \times QRG(t-1) + \frac{(1-KKG) \times RG(t) \times F}{3.6\Delta t} \quad (3\text{-}4)$$

式中：$RG(t)$——流域平均地下净雨深；

KKG——地下径流流量消退系数；

其余参数的意义同前。

（4）总径流计算

总径流为地表径流、壤中流和地下径流三者之和：

$$\hat{Q}_t = QRS(t) + QRSS(t) + QG(t) \quad (3\text{-}5)$$

3.2.2.2　清江流域新安江模型的建立

以清江流域 1989—2006 年降雨数据、流量数据和蒸发数据作为输入，建立清江流域三水源新安江模型。其中，将清江流域 24 个水文站点的降雨数据由泰森多边形加权平均得到平均面降雨数据；蒸发数据采用彭曼公式根据流域临近站点的气象数据计算得到；输入流量为隔河岩实测径流过程。24 个雨量站点的分布以及各自控制的站点面积见图 3-3。

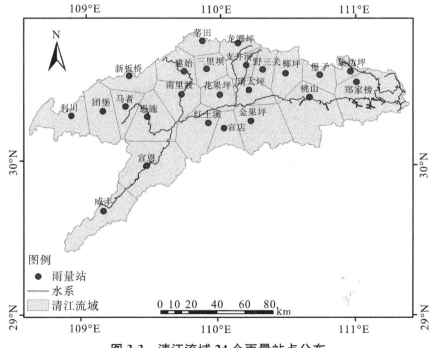

图 3-3　清江流域 24 个雨量站点分布

3.2.3 降雨集合预报使用

考虑到欧洲中期天气预报中心共发布 51 个参数,包含 1 个控制参数,其余参数通过对控制参数扰动得到的情况,采用贝叶斯模型平均方法对总参数进行集成得到合成值,合成方法参照第 4.2.2 小节所述方法,并同水文模型耦合使用。同时也使用区间值进行分析,其中区间划分方法如下:分别将频率 10%、30%、50%、70% 和 90% 作为区间代表值。

3.3 随机性水库优化调度模型

3.3.1 目标函数

1)假定水电站的主要目标就是发电,考虑梯级水电站的年均发电量最大:

$$E_T(S_T) = \max \sum_{j=1}^{N} \sum_{t=1}^{T} e_t(S_t, u_t) \qquad (3-6)$$

式中:T——调度期的总长度;

N——梯级中水电站数目;

$E_T(S_T)$——水库起始状态 S_T 在整个调度期内所获得的最大发电量;

$e_t(S_t, u_t)$——当前时段状态 S_T 采取决策时获得的时段发电量。

2)考虑梯级水电站的发电保证率最大:

$$\max \frac{\mathrm{num}(\sum_{j=1}^{m} P_{i,j} \geqslant P_{\min})}{n} \qquad (3-7)$$

式中:$P_{\min}$——梯级水电站的保证出力,是一个固定值;

$\mathrm{num}(\sum_{j=1}^{m} P_{i,j} \geqslant P_{\min})$——各个时段中水电站总出力大于保证出力的次数。

3.3.2 约束条件

1)水量平衡约束条件见式(2-7)。

2)库容约束条件见式(2-8)。

3)水库出库流量约束条件见式(2-9)。

4)电站出力约束条件见式(2-11)。

5)始末状态约束条件见式(2-12)。

3.3.3 模型求解

针对多维动态规划问题,为了避免计算中的"维数灾"现象,可采用各种动态规划的改进算法进行求解。本章采用 POA 求解多阶段决策问题。POA 通过阶段转化,将多阶段转换为二阶段,通过对每个二阶段的优化,最终得到最优解,同时该方法的收敛问题已经得到证明。Howson 和 Sancho[27]已证明当多阶段决策问题的阶段指标函数呈严格凸性且具有连续一阶偏导数时,POA 算法可收敛到全局最优解。POA 算法的优势之一在于可以不对变量进行离散直接求得精确解。对于 POA 法每一个二阶段优化子问题,即在逐阶段寻优中,可以采用非线性优化函数进行直接寻优,进而得到较为精确的解。

由图 3-4 可知,POA 法进行优化调度的步骤如下。

步骤 1:输入基本资料。输入各水库上游水位库容关系 $Z—V$;下游水位流量关系 $Z—Q$;各电站出力限制曲线;水库起调水位和终止水位;各约束条件等。

步骤 2:确定初始状态序列(初始调度线)。在水库库容允许变化范围内,拟定一条初始调度线 $V_1, V_2, V_3, \cdots, V_n, V_{n+1}$。

步骤 3:开始时刻,取前一个时段 1,固定各水库库容 1 和水库库容 3,调整各水库库容 2,使这两个时段内的目标函数值最优,此时得到库容序列的新轨迹 $V'_1, V'_2, V'_3, \cdots, V'_n, V'_{n+1}$。

步骤 4:同理,依次向右滑动,最后固定水库库容,寻求最优库容,使时段 $n-1$ 和 n 两个时段的发电量最大。

步骤 5:以上次所求的优化调度线为初始调度线,用同样的方法不断寻优,如果求得的优化调度线与初始调度线差异不大,可满足精度要求,那么转入下一步;否则,重复步骤 3~4,直到满足精度要求为止。

步骤 6:输出最优调度轨迹线。

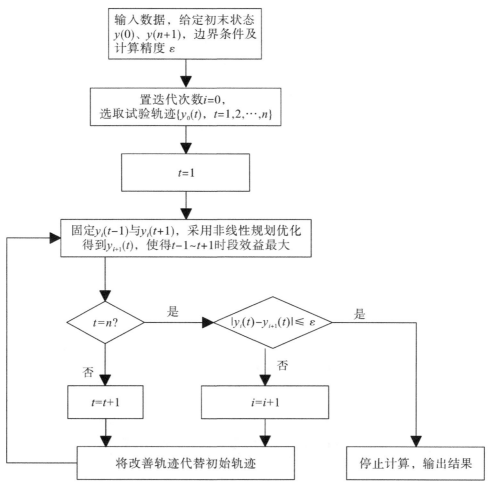

图 3-4 POA 法求解水库优化调度流程

3.4 实例研究

3.4.1 流域概况

本章以清江流域水电站为研究对象,清江流域横贯湖北省西南,位于东经 $108°35'\sim111°35'$ 与北纬 $29°33'\sim30°50'$ 的副热带地区,流域面积为 $17000\mathrm{km}^2$。多年平均年降水量为 $1000\sim2000\mathrm{mm}$,面平均雨深为 $1460\mathrm{mm}$,是长江流域多雨区之一。

3.4.2 降雨集合预报数据分析

欧洲中期天气预报中心可供使用数据的开始时间为 2006 年 10 月,可提供最短时间间隔为 6h 的累积降雨量,最长预报时段为 15d。GRIB2 文件具体处理操作步骤:分别下载 2008 年 6 月 1 日到 6 月 15 日的逐日预报降雨和 6 月 1 日预报的 15d 降雨数据资料,将获得的 GRIB2 文件进行处理[7],然后分别绘制 1d 和 15d 实测降雨、控制预报降雨和集合成员降雨关系图,见图 3-5 和图 3-6。

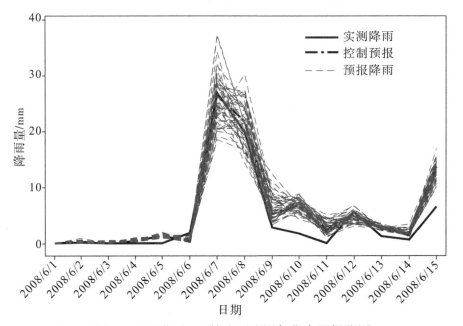

图 3-5　预见期为 1d 的实测降雨与集合预报降雨

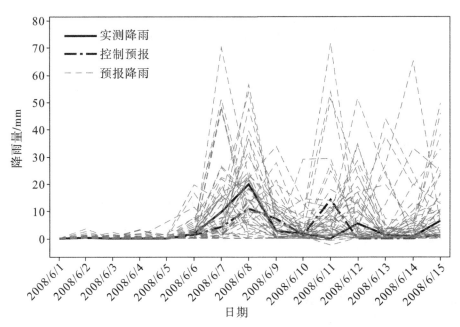

图 3-6　预见期为 15d 的实测降雨与集合预报降雨

从图 3-5 和图 3-6 可以看出,1d 降雨集合预报数据对于实测降雨过程的拟合度比 15d 降雨集合预报数据效果要好,1d 降雨集合预报数据可将大部分实测降雨包含预报区间中。从图 3-6 可以看出,随着预见期的延长(至 7d),集合预报数据呈现发散情况,预报效果越来越差,但是总体来说前 7d 的预报,大部分成员在趋势上与实测降雨相近,并且误差相对不大,预报效果较好。因此,可以采用 ECMWF 发布的 7d 降雨集合预报数据用于水库调度中。

进一步对集合预报数据的精度进行分析,采用准确率、漏报率和空报率 3 个指标对 2007—2009 年的实测降雨和集合预报降雨数据进行评价,各指标[28]计算结果见表 3-1。

表 3-1 各级降雨预报量级实测与预报结果分析

预报量级	统计项目	预报次数	实际降雨频次及频率					准确率	漏报率	空报率
			无雨	小雨	中雨	大雨	暴雨			
无雨	发生频次	664	589	74	1	0	0	88.70	11.30	—
	频率		88.70	11.15	0.15	0	0			
小雨	发生频次	340	32	302	37	6	0	88.82	12.65	9.41
	频率		9.41	88.82	10.88	1.76	0			
中雨	发生频次	72	0	30	39	3	0	54.17	4.17	41.67
	频率		0	41.67	54.17	4.17	0			
大雨	发生频次	15	0	1	4	10	0	66.67	0	33.33
	频率		0	6.67	26.67	66.67	0			
暴雨	发生频次	5	0	1	0	3	1	20.00	—	80.00
	频率		0	20.00	0	60.00	20.00			

注:频次单位为次;其他单位为%。

准确率表示预报值与实测值属于同一个量级。不同等级降雨量预报准确率的计算公式为:

$$\eta = (n/m) \times 100\%$$ (3-8)

式中:m——各等级总的预报次数;

n——实际值落于预报等级区域内的次数。

漏报率表示预报的量级小于实际发生的量级,即实际值大于预报等级域的上限值。不同等级降雨量预报漏报率的计算公式为:

$$\beta = (\mu/m) \times 100\% \tag{3-9}$$

式中:μ——实际值大于预报等级区域的上限的次数。

空报率表示预报的量级大于实际发生的量级,即实际值小于预报等级域的下限值。不同等级降雨量预报空报率的计算公式为:

$$\sigma = [1 - (\beta + \eta)] \times 100\% \tag{3-10}$$

从表 3-1 可以看出,总体而言,无雨到暴雨的准确率从 88.70% 下降到 20%,预报精度呈现下降趋势,表明对于极值情形预测得不是很好。无雨到暴雨的空报率从 9.41% 上升到 80%,呈现上升趋势,表明预报具有偏小的趋势。对于无雨和小雨预报,准确率分别为 88.70% 和 88.82%,该量级预报的准确率较高。中雨预报的漏报率最低,仅为 4.17%,但是空报率较高,达到 41.67%。小雨预报的空报率最低,仅为 9.41%。2007—2009 年的实测降雨中实际发生暴雨情形为 5 次,但是预报结果只出现 1 次,准确率仅为 20%,因此,可以得出预报结果偏于保守,尤其是极值预报结果偏小的结论。

3.4.3　水文集合预报结果及分析

模型以遗传算法[29]来优选出清江流域的水文预报方案的最优参数,其三水源新安江产流模型参数见表 3-2;表 3-2 列出了清江流域水文预报模型在率定期(1989—2002 年)与检验期(2003—2006 年)的模型确定性系数 R^2 与径流总量相对误差 RE。

由表 3-3 中的率定期和验证期的统计数据看出,运用新安江模型在清江流域模拟日径流,在率定期的模型确定性系数为 73.29%,径流总量相对误差是 6.47%;在验证期的模型确定性系数是 65.35%,径流总量相对误差是 8.05%,在清江流域的模拟效果较好。

表 3-2   清江流域新安江模型最优参数

WM	108.106	WUM	11.18	WLM	11.76	KI	0.718
B	0.994	EX	1.228	SM	85.781	KC	0.700
KG	0.230	CI	0.795	CG	0.650	C	0.029
IMP	0.133	K	9.650	N	2.526		

表 3-3   清江流域水文预报模型率定期与检验期结果统计

统计指标	R^2 /%	RE /%
率定期	73.29	6.47
检验期	65.35	8.05

模型效率系数表示模拟径流与实测径流吻合程度。模拟和实测径流拟合程度高,模拟效果较好。图 3-7 和图 3-8 分别为率定期和检验期实测径流和模拟径流的效果图,从图 3-7 和图 3-8 以及表 3-3 可以看出,率定期和检验期均能较好地对实测径流进行模拟,并且模拟效果相当,可以作为随机性优化调度模型的输入。

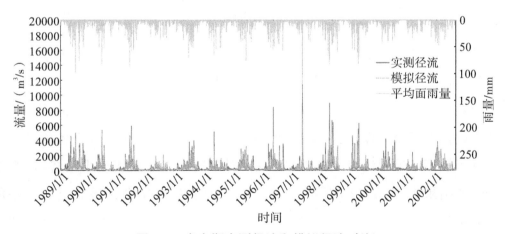

图 3-7　率定期实测径流和模拟径流对比

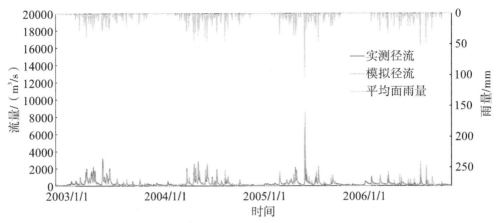

图 3-8 检验期实测径流和模拟径流对比

表 3-4 为 2007—2015 年 51 组预报径流形成的区间包含实测径流的统计。从表中可以看出,预报径流可以包含大部分实测径流,总体覆盖率接近 80％,模拟效果良好。

表 3-4 预报径流覆盖实测径流的情况

年份	2007	2008	2009	2010	2011	2012	2013	2014	2015
覆盖率	78.83％	82.95％	77.69％	82.50％	80.02％	85.49％	76.18％	76.81％	81.71％

针对 3.4.2 小结对 ECMWF 降雨集合预报数据的分析可以得出集合预报结果偏于保守,对于极值降雨事件存在空报现象。进一步分析采用 ECMWF 降雨集合数据模拟的径流过程,绘制 2008 年 7 月的隔河岩实际径流和降雨集合预报数据模拟的径流过程,见图 3-9。从图中可以明显看到,集合预报各成员以及控制预报模拟结果对洪峰模拟效果较差,模拟洪峰流量呈现偏小趋势,这与之前分析的结果相似。因此,需要考虑历史暴雨信息,对集合预报成员进行暴雨预报修正。

选择大暴雨事件作为订正事件,即假定某时段若有成员预报出的降水级别为大暴雨,则认为实际降水极有可能出现大暴雨[7]。引入大暴雨量级范围的中值对该时刻的集合平均预报值进行修正。引入用清江流域历史实测暴雨的均值(50.5mm)进行修正的具体做法为:若任意时段降雨集合预报成员中出现暴雨量级预报,则采用流域历史实测暴雨的均值对该成员进行修正,计算公式为:

$$P_f(t) = (P_f(t) + 50.5)/2.$$

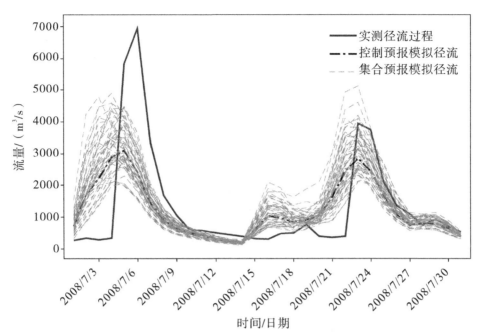

图 3-9　2008 年 7 月实测径流和集合预报模拟径流过程对比

3.4.4　随机性水库优化调度结果

以清江梯级水库为研究对象,参照 3.2.3 小节所述,首先对降雨集合数据进行修正,采用遗传算法对清江流域新安江模型进行参数优化,通过径流模拟可以得到一系列集合径流预报结果。由于控制预报结果相对较为准确,以实测径流为基础,采用贝叶斯平均模型将 51 个成员进行加权平均,贝叶斯平均模型的求解方法参照本书 4.2.2 小节所述,本章只采用期望值最大算法求解各个成员的权重,通过权重将各个成员集合起来,形成合成流量。同时将历史实测径流离散为 6 个区间等级,将区间中值作为区间代表值。对水布垭水库和隔河岩水库的水位进行离散,建立梯级发电水库随机动态规划调度模型,采用 POA 算法优化求解。分别使用合成值和区间值进行调度,模拟结果见表 3-5。

表 3-5　　　　　　　　　　不同调度方法的年均发电量及发电保证率

项目	清江梯级/(亿 kW·h)			合计/(亿 kW·h)	发电保证率
	水布垭	隔河岩	高坝洲		
常规调度	35.68	28.4	8.56	72.64	92.17%
合成值	36.59	30.43	9.28	76.30	95.26%
区间中值	36.18	29.98	9.32	75.48	93.46%
理论最优	37.10	31.56	9.32	77.98	96.06%

从表 3-5 中可以看出，采用合成值和区间中值得到的发电量分别为 76.30 亿 kW·h 和 75.48 亿 kW·h，发电保证率分别为 95.26% 和 93.46%，均高于常规调度运行结果，表明考虑降雨集合信息的一定优越性；合成值决策和区间中值决策相比，两者发电量和发电保证率都较为接近，合成值运行结果稍优于区间中值运行结果，由于 ECMWF 仅从 2006 年 10 月开始发布降雨集合预报信息，降雨集合资料统计的时间相对较短，并没有完全覆盖丰平枯等代表年份，因此无法从年均发电量大小评价哪种降雨集合预报方式更优；虽然采用集合预报可以降低一部分水文预报的不确定性，但是不确定性仍然存在，因此采用合成值和区间中值与确定性过程相比，调度效果要差一些。

分别绘制各规则调度期内运行水位和出力过程的箱线图，见图 3-10。从图中水布垭和隔河岩水库的出力过程中可以看出，应用集合预报合成值和区间中值进行调度的出力过程不确定性明显较小，发电过程相对集中，发电过程中位数结果优于常规调度规则的中位数结果，但是出现的极值运行过程较多，稳定性不如确定性优化调度过程。从水位运行过程可以看出，常规调度的水位运行过程相对集中，不确定性小，但是在所有规则中结果最差，部分原因在于常规调度受制于调度图，未能充分考虑优化信息在调度规则中的应用，尤其是汛期不能提前增加发电，导致弃水增加，削弱发电效益。图 3-10 中隔河岩水电站常规调度水位过程，出现较多运行水位下降到死水位的情况，表明电站正常运行遭到破坏。

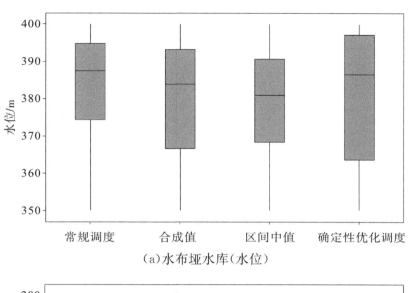

（a）水布垭水库（水位）

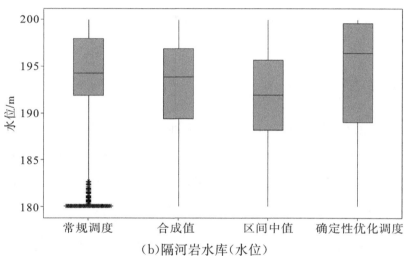

（b）隔河岩水库（水位）

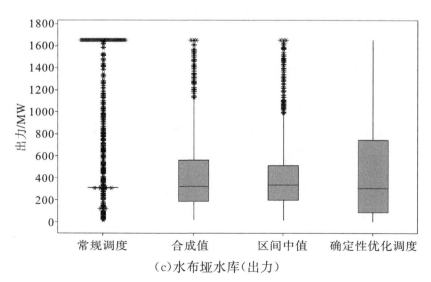

（c）水布垭水库（出力）

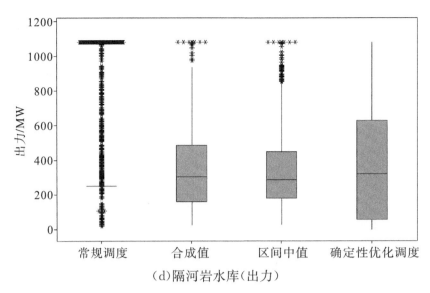

（d）隔河岩水库（出力）

图 3-10   水布垭和隔河岩水库不同调度方法出力和水位箱线图

3.5   本章小结

建立了考虑降雨集合预报信息的随机性梯级水库优化调度模型。选用三水源新安江模型进行清江流域径流预报，通过遗传算法对新安江模型的关键参数进行优选，用历史实测径流资料对新安江模型进行率定，再将欧洲中期天气预报中心发布的降雨集合预报信息作为清江流域未来径流预报的信息输入，针对集合成员对暴雨信息预报偏小的情形，采用历史实测暴雨均值信息对集合成员预报数据进行修正，以此获得流域未来的径流集合预报结果。以流域未来降雨集合预报信息为基础，分别采用径流集合预报的贝叶斯平均模型合成值和区间值，代入随机动态规划模型进行优化求解。最后对比分析采用不用径流信息的调度结果，可以得到结论如下。

1）1989—2002 年的实测资料用于清江流域新安江模型的率定，2003—2006年的实测资料对模型进行检验。在清江的应用结果为：率定期的模型确定性系数为 73.29％，径流总量相对误差是 6.47％；在验证期的模型确定性系数是65.35％，径流总量相对误差是 8.05％，2007—2015 年 51 组预报径流形成的区间包含实测径流的总体覆盖率接近 80％，表明清江流域的模拟效果较好。

2）采用合成值和区间值得发电量均高于常规调度运行结果，表明考虑降雨集合信息具有一定的优越性;虽然采用集合预报可以降低一部分水文预报的不确定性,但是不确定性仍然存在,因此采用合成值和区间中值与确定性过程相比,调度效果要差一些。

本章参考文献

[1] 丛树铮.水科学技术中的概率统计方法[M].北京:科学出版社,2010.

[2] 陆桂华,吴娟,吴志勇.水文集合预报试验及其研究进展[J].水科学进展,2012,23(5):728-734.

[3] 徐静,叶爱中,毛玉娜,等.水文集合预报研究与应用综述[J].南水北调与水利科技,2014,12(1):82-87.

[4] 叶爱中,段青云,徐静,等.基于 GFS 的飞来峡流域水文集合预报[J].气象科技进展,2015,5(3):57-61.

[5] 赵琳娜,董航宇,吴亮,等.黄淮地区夏季日降水分区概率预报方法研究[J].气象,2015,41(12):1503-1513.

[6] 油芳芳,彭勇,徐炜,等.ECMWF 降雨集合预报在水库优化调度中的应用研究[J].水力发电学报,2015,34(5):27-34.

[7] 彭勇,徐炜,王萍,等.耦合 TIGGE 降水集合预报的洪水预报[J].天津大学学报:自然科学与工程技术版,2015,48(2):177-184.

[8] Schaake J C,Hamill T M,Buizza R,et al. HEPEX:the hydrological ensemble prediction experiment[J]. Bulletin of the American Meteorological Society,2007,88(10):1541-1547.

[9] Schaake J,Pailleux J,Thielen J,et al. Summary of recommendations of the first workshop on Postprocessing and Downscaling Atmospheric Forecasts for Hydrologic Applications held at Météo-France,Toulouse,France,15-18 June 2009[J]. Atmospheric Science Letters,2010,11(2):59-63.

[10] Day G N. Extended streamflow forecasting using NWSRFS[J]. Journal of Water Resources Planning and Management,1985,111(2):157-170.

[11] Wood A W,Schaake J C. Correcting errors in streamflow forecast ensemble mean and spread[J]. Journal of Hydrometeorology,2008,9(1):

132-148.

[12] McEnery J, Ingram J, Duan Q, et al. NOAA's advanced hydrologic prediction service: Building pathways for better science in water forecasting[J]. Bulletin of the American Meteorological Society, 2005, 86(3): 375-385.

[13] Thielen J, Bartholmes J, Ramos M H, et al. The European flood alert system-Part 1: concept and development[J]. Hydrology and Earth System Sciences, 2009, 13(2): 125-140.

[14] Bartholmes J C, Thielen J, Ramos M H, et al. The european flood alert system EFAS-Part 2: Statistical skill assessment of probabilistic and deterministic operational forecasts[J]. Hydrology and Earth System Sciences, 2009, 13(2): 141-153.

[15] Tejada-Guibert J A, Johnson S A, Stedinger J R. The value of hydrologic information in stochastic dynamic programming models of a multireservoir system[J]. Water Resources Research, 1995, 31(10): 2571-2579.

[16] You J Y, Cai X. Hedging rule for reservoir operations: 1. A theoretical analysis[J]. WaterResources Research, 2008, 44(1): W01415.

[17] Roulin E, Vannitsem S. Skill of medium-range hydrological ensemble predictions[J]. Journal of Hydrometeorology, 2005, 6(5): 729-744.

[18] Mascaro G, Vivoni E R, Deidda R. Implications of ensemble quantitative precipitation forecast errors on distributed streamflow forecasting[J]. Journal of Hydrometeorology, 2010, 11(1): 69-86.

[19] 周惠成, 李丽琴, 等. 短期降水预报在水库汛限水位动态控制中的应用[J]. 水力发电, 2005, 31(8): 22-26.

[20] 王本德, 朱永英, 张改红, 等. 应用中央气象台24h降雨预报的可行性分析[J]. 水文, 2005, 25(3): 30-34.

[21] 王峰, 周惠成, 唐国磊, 等. GFS预报信息在水电站运行中的应用研究[J]. 水电能源科学, 2011, 29(7): 25-28.

[22] 唐国磊, 周惠成, 李宁宁, 等. 一种考虑径流预报及其不确定性的水库优化调度模型[J]. 水利学报, 2011, 42(6): 641-647.

［23］ 赵琳娜,吴昊,田付友,等. 基于 TIGGE 资料的流域概率性降水预报评估［J］. 气象,2010,36(7):133-142.

［24］ 杨松,杞明辉,姚德宽. 误差订正在预报集成中的应用研究［J］. 气象,2004,29(12):22-25.

［25］ 纪飞,董佩明,齐琳琳. 一次短期集合预报试验［J］. 气象科学,2005,25(1):32-39.

［26］ 赵人俊,王佩兰. 新安江模型参数的分析［J］. 水文,1988,8(6):2-9.

［27］ Howson H R,Sancho N G F. A new algorithm for the solution of multi-state dynamic programming problems［J］. Mathematical programming,1975,8(1):104-116.

［28］ 王本德,朱永英,张改红,等. 应用中央气象台 24h 降雨预报的可行性分析［J］. 水文,2005,25(3):30-34.

［29］ 武新宇,程春田,赵鸣雁. 基于并行遗传算法的新安江模型参数优化率定方法［J］. 水利学报,2004,11:85-90.

第4章 梯级水库群调度规则合成研究

4.1 引言

水库是人类改变水资源时空分布的重要手段,担负着防洪、发电、航运、供水等多方面的功能与任务,成为促进社会文明进步的重要手段之一。水库调度技术是实现水库正常运行的必备手段之一。采用优化调度和经济运行管理水库,具有投资少、效益大、需求高以及前景广等优点[1]。

水库群优化调度通过库群的水力、电力以及库容补偿作用,在时空上重新分配水资源,达到兴利除害的目的。求解确定性水库群优化调度模型的方法有线性规划[2]、动态规划及其改进方法[3]、大系统分解协调法[4]等,通过计算得到的优化运行过程中包含了大量的规律性信息,可从中总结出一些规则指导水库运行。常用的水库群调度规则包括判别式法[5]、多元线性回归法[6]、神经网络方法[7]等。但这些方法以经验为主,缺乏理论依据,特别是水库群联合调度尚无通用的调度规则形式。因此,研究水库群调度规则形式,解决水库群调度的不确定性问题,是国内外学术界研究的重点和难点问题。

贝叶斯模型平均方法(Bayesian Model Averaging,BMA)可以综合考虑模型输入、参数和模型结构的不确定性,近年来已广泛应用于水文水资源领域[8-9]。目前主要开展的是多个水文模型的合成研究,董磊华等[10]基于贝叶斯模型平均方法,将新安江模型、土壤湿度和汇流演算模型以及简单集中式降雨径流模型进行合成研究,采用期望值最大算法对BMA中参数进行求解,结果表明,采用合成模型可以得到精度更好的预报结果,并且可以提供综合模型预报结果的不确定性信息。Zhang等[11]采用BMA技术对单一水库防洪调度规则中的常规防洪调度规则、分段线性调度规则、曲面拟合调度规则和最小二乘支持向量机规则进行合成,通过对比分析发现合成调度规则在一定程度上可以减小防洪调度的风险。

目前,BMA 方法在梯级水库群的发电调度规则研究中应用相对较少。现有水库发电调度技术一般只采用单一的调度规则,因此可以对 BMA 方法在水文预报方面的应用情况进行借鉴,通过对多个水库调度规则的加权合成,生成新的综合调度规则,使水库调度决策更稳健和优越,同时 BMA 可以提供调度结果的综合不确定信息,将传统单一水库调度规则的点决策转换为区间柔性决策,进而弥补单一规则的不足之处。

4.2 研究思路和方法

4.2.1 研究思路

针对现有调度技术存在的不足,本书提出了一种充分利用现有调度规则信息的综合水库调度决策方法。该方法的主要步骤包括:① 获得多种水库调度规则,可以是常规调度规则或者优化调度规则,以常规调度、人工神经网络以及遗传规划算法对确定性优化调度最优运行轨迹进行拟合得到的隐式和显式规则为例,进行水库群优化调度规则的合成研究;② 构建基于贝叶斯理论的混联水库群联合优化调度规则的合成模型;③ 采用多种优化算法来确定各个水库调度规则在合成调度规则中的权重和方差;④ 采用合成调度规则进行混联水库群的模拟运行,借助评价指标体系将模拟运行结果同参与合成的单个调度规则模拟结果对比,分析评价合成调度规则的优劣以及调度规则的不确定性。详细的研究流程见图 4-1。

4.2.2 研究方法

4.2.2.1 贝叶斯模型平均方法简介

贝叶斯模型平均方法,即通过对不同调度规则取不同的权重以得到更好的合成调度规则的数学方法。该方法既可用于计算单个调度规则的不确定性,也可以用于计算合成调度规则的不确定性分析。

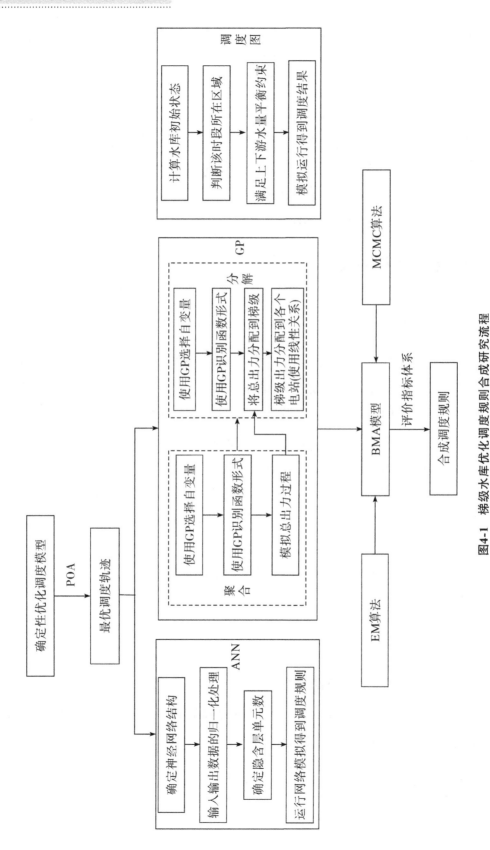

图4-1 梯级水库优化调度规则合成研究流程

假设 Q 为调度规则的出库过程集合(决策变量),$D=[X,Y]$ 是输入数据(其中 X 是 K 个调度规则决策值的模拟数据,Y 是最优的模拟运行过程),$f=[f_1, f_2,\cdots,f_k]$ 是 K 个调度规则的集合,贝叶斯模型平均方法可用如下公式表示:

$$p(Q\mid D)=\sum_{k=1}^{K}p(f_k\mid D)\cdot p_k(Q\mid f_k,D) \tag{4-1}$$

式中:$p(f_k\mid D)$——第 k 个调度规则在给定优化调度 D 的情景下的后验概率 f_k,它是 f_k 和最优调度过程 Y 的匹配相似度的反映,事实上,$p(f_k\mid D)$ 是贝叶斯模型的权重 w_k。权重 w_k 按调度结果的优劣划分,单个水库调度规则的调度结果越好(如发电量多,弃水少等),则在综合调度规则中所占权重愈大,且 w_k 总大于零,其和为 1。

$p_k(Q\mid f_k,D)$——在给定优化调度 D 和概率 f_k 的条件下,调度规则的出库过程集合 Q 的后验分布。

期望值最大算法(Expectation Maximization,EM)[12] 和马尔科夫蒙特卡洛(Markov Chain Monte Carlo,MCMC)[12-13] 是有效地确定 BMA 合成调度规则中每个单个规则的权重与方差的方法。两种方法各有优劣,因此分别本章采用两种方法对 BMA 合成调度规则中单个规则的权重与方差,并对结果进行对比分析。两种求解方法具体如下所述。

4.2.2.2 期望值最大算法

基于贝叶斯模型平均方法的合成调度规则的决策值是多个调度规则取不同权重平均的结果。在单个调度规则决策过程和最优决策过程都服从正态分布的情景下,贝叶斯模型平均方法的决策值公式为:

$$E[Q\mid D]=\sum_{k=1}^{K}p(f_k\mid D)\cdot E[g(Q\mid f_k,\sigma_k^2)]=\sum_{k=1}^{K}w_k f_k \tag{4-2}$$

EM 算法易操作,经济省时,其算法设计还可满足所有的 BMA 权重非负且之和为 1[14]。期望值最大算法,在 K 个调度规则决策过程均服从正态分布这个假设的情景下,期望值最大算法是计算贝叶斯模型的有效方法。以 $\theta=\langle w_k,\sigma_k^2,k=1,2,\cdots,K\rangle$ 表示待求的基于贝叶斯模型平均方法的合成调度规则的参数,则 θ 的似然函数可按如下表示:

$$l(\theta)=\ln(p(Q\mid D))=\ln\left(\sum_{k=1}^{K}w_k\cdot g(Q\mid f_k,s_k^2)\right) \tag{4-3}$$

式中:$g(Q\mid f_k,\sigma_k^2)\sim N(f_k,\sigma_k^2)$。

利用期望值最大算法计算的步骤如下。

步骤 1：条件的初始化，假定 $Ite=0$。

$$w_k^{(0)}=1/K, \delta_k^{2^{(0)}}=\frac{\sum\limits_{k=1}^{K}\sum\limits_{t=1}^{NY}(Y^t-f_k^t)^2}{K \cdot NT} \tag{4-4}$$

式中：Ite——重复计算的次数；

NT——调度时段的长度；

Y^t——t 时刻的确定性最优调度决策值；

f_k^t——t 时刻的第 k 个调度规则的调度决策值。

步骤 2：计算初始似然函数值的大小。

$$l(\theta)^{(0)}=\sum\limits_{t=1}^{NT}\ln\left\{\sum\limits_{k=1}^{K}\left[w_k^{(0)} \cdot g(Q \mid f_k^t, \sigma_k^{2^{(0)}})\right]\right\} \tag{4-5}$$

步骤 3：计算隐藏变量。设 $Ite=Ite+1$。

$$z_k^{t^{Ite}}=\frac{g(Q \mid f_k^t, \sigma_k^{2^{(Ite-1)}})}{\sum\limits_{k=1}^{K}g(Q \mid f_k^t, \sigma_k^{2^{(Ite-1)}})} \tag{4-6}$$

步骤 4：计算各个调度规则的权重。

$$w_k^{Ite}=\frac{1}{NT}\left(\sum\limits_{t=1}^{NT}z_k^{t^{(Ite)}}\right) \tag{4-7}$$

步骤 5：计算各个调度规则的误差。

$$\sigma_k^{2^{(Ite)}}=\frac{\sum\limits_{t=1}^{NT}z_k^{t^{(Ite)}} \cdot (Y^t-f_k^t)^2}{\sum\limits_{t=1}^{NT}z_k^{t^{(Ite)}}} \tag{4-8}$$

步骤 6：计算对数似然值 $l(\theta)^{(Ite)}$。

$$l(\theta)^{(Ite)}=\sum\limits_{t=1}^{NT}\ln\left\{\sum\limits_{k=1}^{K}\left[w_k^{(Ite)} \cdot g(Q \mid f_k^t, \sigma_k^{2^{(Ite)}})\right]\right\} \tag{4-9}$$

步骤 7：检验计算结果收敛性。假设当 $l(\theta)^{(Ite)}-l(\theta)^{(Ite-1)}$ 不大于预先设定的误差标准时停止计算，否则重新从步骤 3 开始进行下一轮的计算。

4.2.2.3　马尔可夫链蒙特卡洛算法

尽管 EM 算法的应用取得了不错的进展，但是该方法无法保证得到全局最优解。另外 EM 算法中还有一个预报变量正态分布的潜在假设，与 EM 算法不同，MCMC 方法不需要预报变量满足正态分布的假设，可得到全局最优解，缺点是计算效率不高[15]。

常用的构造马氏链的方法是 Metropolis-Hastings(MH)方法,MH 方法有 Metropolis 抽样、Gibbis 抽样、独立抽样和随机游动抽样等。本书采用 Differential Evolution Adaptive Metropolis Algorithm 取样方法生成马尔科夫链,它可通过搜索全局,采用差分法自动调整分布的规模和方向,这种算法能够在高维和多模态存在的大范围问题中保持细致平衡、遍历性和运作良好的特点,故采用该方法生成需要的马尔科夫链[12-13,16-18]。本章主要采用 DREAM-MCMC 方法[12]。计算基本步骤如下。

步骤 1:用超立方抽样获取一组初始值 $x^i(i=1,2,\cdots,N)$。

步骤 2:估算 x^i 的密度 $\pi(x^i)$。

步骤 3:在链中产生一个起始点 Z^i,其中

$$Z^i = x^i + (l_d + e)\gamma(\delta, d')\left[\sum_{j=1}^{\delta} x^{r_{1j}} - \sum_{n=1}^{\delta} x^{r_{2n}}\right] + \varepsilon \tag{4-10}$$

式中:δ ——产生建议样本的数组个数;

γ ——跳跃步长,取决于 δ 和 d'。

步骤 4:用 x_j^i 替换 z_j^i,替换原则如下:

$$z_j^i = \begin{cases} x_j^i & U < 1 - CR, d' = d' - 1 \\ z_j^i & \text{其他} \end{cases} \tag{4-11}$$

式中:CR ——交叉概率。

步骤 5:估算起始点的密度和接收概率。

步骤 6:若点被接收,则进行替换,否则样本点继续留在当前位置。

步骤 7:用四分位数范围统计数据去除离群链。

步骤 8:对每条链的后 50% 的数据,计算格尔曼-鲁宾收敛诊断。

步骤 9:若计算值小于 1.2,则停止,否则重复步骤 4～8。

4.2.2.4 不确定性区间估计方法

不确定性区间估计方法具体步骤如下。

步骤 1:根据采用上述两种方法计算所得的各个调度规则的权重 $[w_1, w_2, \cdots, w_K]$,在 $[1,2,\cdots,K]$ 中随机抽选规则,即假定累积概率 $w'_0 = 0$,$w'_k = w'_{k-1} + w_k(k=1,2,\cdots,K)$;在 0 和 1 之间随机生成数 μ;若 $w'_{k-1} \leq \mu \leq w'_k$,则选择第 k 个调度规则。

步骤 2：由在 t 时刻，第 k 个调度规则的概率分布 $g(Q \mid f_k, \sigma_k^2)$ 随机生成决策值 Q_t，其中，$g(Q \mid f_k, \sigma_k^2) \sim N(f_k, \sigma_k^2)$。

步骤 3：步骤 1 和步骤 2 重复 N 次，在本书中，令 $N = 1000$。

步骤 4：将 N 个样本的值从小到大排序，5% 和 95% 分位数之间的部分就是贝叶斯模型平均方法的 90% 不确定性区间。

4.2.2.5 评价指标

本章中对 BMA 合成调度规则的评价指标主要采用 CoD（判定系数）、RMSE（均方根误差）和 AE（平均误差）。

$$CoD = \left[\frac{\sum xy}{\sqrt{\sum x^2 \sum y^2}} \right]^2 \tag{4-12}$$

$$RMSE = \sqrt{\frac{\sum (X - Y)^2}{N}} \tag{4-13}$$

$$AE = \frac{\sum \dfrac{X - Y}{X} \times 100}{N} \tag{4-14}$$

式中：X 和 Y ——目标值和模拟值；

$\bar{X}$ 和 $\bar{Y}$ ——目标值和模拟值的均值；

N ——模拟样本的个数；

$x = (X - \bar{X}), y = (Y - \bar{Y})$。

同时采用以下两个主要指标来分析比较 BMA 不确定性置信区间的优良[19]。

（1）覆盖率（CR）

覆盖率是指决策区间覆盖最优调度过程数据的比率。

（2）平均带宽（B）

平均带宽是指在相同的覆盖率下，不确定性区间越小越好。

$$B = \frac{1}{NT} \sum_{t=1}^{NT} \left(\frac{Q_{\text{up},t} - Q_{\text{down},t}}{Q_{i,t}} \right) \tag{4-15}$$

式中：$Q_{\text{up},t}$ ——置信区间的上界；

$Q_{\text{down},t}$ ——置信区间的下界。

4.3 实例研究

4.3.1 常规调度

长期以来,水电站通常使用常规调度图来指导水电站运行。以三峡水电站为例,介绍三峡水电站按照常规调度图的运行方式。由图 4-2 可知,三峡水电站发电调度图由限制供水线、防破坏线、正常蓄水位、枯水期消落水位以及防洪限制水位组成,整个区域被划分为 4 个调度区:①正常蓄水位和防破坏线之间的区域为预想出力区,当水位位于此区域时,三峡水电站可以按照较大的装机容量运行;②防破坏线和限制供水线之间的区域为保证出力区,当水位在这个区域时,说明来水量较小,三峡水电站应该按照保证出力发电;③限制供水线以下区域称为降低出力区,水位位于此区域说明电站遭到破坏,需减小出力使水位尽快抬高;④其余的部分为防洪区,当水位高于 145m 时,多余的水量必须被释放,腾出库容用于防洪。三峡水库发电调度服从于防洪调度,在保证大坝防洪安全的条件下,尽可能提高发电效益。在枯水期,水库在设计保证率范围内平均出力不小于 4990MW,除汛期防洪要求外,其余时间尽可能保持高水头运行,提高用水效率。

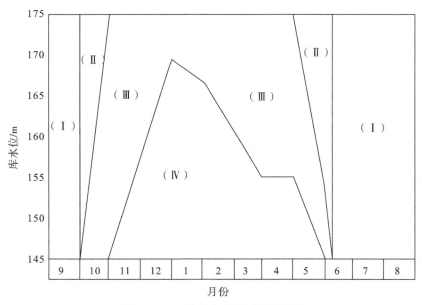

图 4-2 三峡水电站常规调度图

注:(Ⅰ)区为防洪区,(Ⅱ)区为预想出力区,(Ⅲ)区为保证出力区,(Ⅳ)区为降低出力区。(Ⅲ)区和(Ⅳ)区之间的线成为限制供水线,175m 所对应的线称为防破坏线。

利用三峡水电站 1951—2005 年实测径流资料,以旬为计算时段长度,采用三峡水库常规调度图进行常规调度,得到三峡水库中长期(以旬为计算时段)常规调度结果。同样使用水布垭 1951—2005 年实测径流资料用常规调度图进行模拟计算,隔河岩水电站采用简化运行策略,由于高坝洲和葛洲坝的库容很小,几乎没有调节能力,因而考虑为径流式水电站。模拟结果表明,梯级水电站群年均总发电量为 1031.73 亿 kW·h,其中水布垭 35.68 亿 kW·h,隔河岩 28.40 亿 kW·h,高坝洲 8.56 亿 kW·h,三峡 813.65 亿 kW·h,葛洲坝 145.43 亿 kW·h,发电保证率为 95.36%。

由于以实测资料为依据,常规方法比较简单直观,并且可以汇聚调度人员的经验和能力,故目前仍得到普遍应用。常规调度方法虽然直观、简单并且易于接受,但是调度结果不一定是最优的,同时不便于处理复杂的梯级水库群调度问题。具体求解过程参照相关文献[20]。

4.3.2　确定性优化调度

三峡梯级和清江梯级五库联合优化调度属于多维多阶段优化问题,而且一般不考虑水库之间水流时滞影响,决策具有无后效性。针对多维动态规划问题,为了避免计算中的"维数灾"现象,可采用各种动态规划的改进算法进行求解。梯级水电站群优化调度模型可采用动态规划的改进算法,如离散微分动态规划法(DDDP)、动态规划逐次渐进法(DPSA)以及逐次优化方法(POA)等优化方法求解。本章以梯级水电站群发电量最大为目标,加入发电保证率约束,使用由离散微分动态规划法提供的初始解,采用逐次优化方法求解优化调度模型,由此可得梯级水电站群的长期优化调度轨迹,同时可以指出,经过动态规划算法得到的结果为理论上最优的结果。可对最优调度轨迹进行分析,分别使用人工神经网络和遗传规划方法进行梯级水电站群优化调度规则的提取。

梯级水库群确定性联合优化调度结果为梯级年均总发电量从常规调度的 1031.73 亿 kW·h 提高到 1066.50 亿 kW·h,年均增加发电量 34.77 亿 kW·h,增加率达到 3.37%,发电保证率从原来的 95.36% 提高到 99.04%。具体模型建立和求解详细过程参照相关文献[21-22]。

4.3.3　人工神经网络

人工神经网络[23](Artificial Neural Network,ANN)就是对人脑神经结构

进行数学方法的模仿的信息处理系统。神经元是人工神经网络的最基本单元，图 4-3 展示了基本人工神经元的多输入单输出带权重的结构。

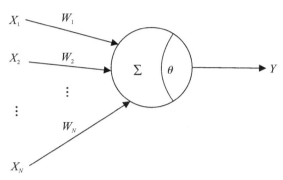

图 4-3 基本人工神经元的多输入单输出结构

相互连接的神经元会发生相互作用，神经元的基本结构决定神经元应该具有的输入和输出。神经元自身的状态决定输出的有无，即神经元受到其他神经元刺激后，若超过一定的阈值，就会产生兴奋和冲动，进而传递给下一个神经元，否则神经元处于抑制状态，未被激活，不会产生兴奋进行信息传递。对于 n 个互相联系的神经元，单个神经元的激活阈值受外界输入的总和影响，因而第 i 个神经元的状态可用数学模型表示。

$$u_i = \sum_{j=1}^{n} w_{i,j} v_j - \alpha_i \qquad i = 1, 2, \cdots, n \tag{4-16}$$
$$v_i = f(u_i)$$

式中：$w_{i,j}$——神经元 i 与神经元 j 之间的连接强度，称为权值；

u_i——神经元 i 的活跃值，即神经元状态；

v_j——神经元 j 的输出，即神经元 i 的一个输入；

α_i——神经元 i 的阈值；

函数 $f(u_i)$——神经元的输入输出特性，常用的函数为 sigmoid 函数。

4.3.3.1 反向传播神经网络

反向传播误差网络模型[24-26]是人工神经网络模型中最为重要的网络模型之一。采用目前较为流行的典型三层前馈网络结构，进行梯级水电站群中长期优化调度函数的拟合。典型的三层前馈网络结构中输入的数据经过隐含层中激发函数（一般为 sigmoid 函数）的处理后，逐步向下一层输出，在隐含层和输出层之间的激发函数为线性函数。在三层神经网络模型构架中起到主要作用的是隐含层，因为隐含层直接影响到各层之间联系的权重值，从而最终影响结果的输出，图 4-4 展示了反向传播神经网络计算流程。目前，反向传播神经网络已经得到了完善和发展，并且在水文水资源领域也得到了广泛应用。

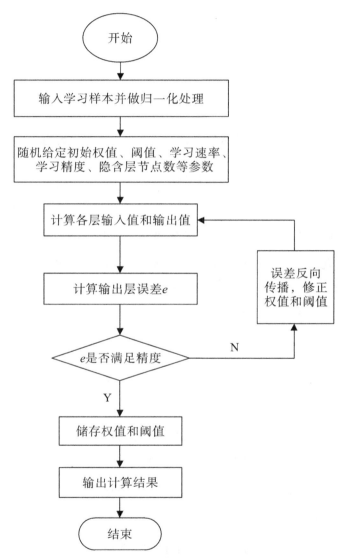

图 4-4　反向传播神经网络计算流程

4.3.3.2　人工神经网络拟合水库调度函数

基于反向传播神经网络算法，对三峡梯级和清江梯级水电站群进行中长期优化调度函数的拟合。人工神经网络是一种黑箱模型（经验模型），在不能确定输入数据和输出数据之间关系的情况下，依据自身强大的映射能力、自组织学习能力,利用内部设定即可找到可以反映输入数据和输出数据相关关系的网络(训练的权值)。运用神经网络模型进行水库调度函数的拟合,最主要的是要找到合适的神经网络结构。因为典型的三层神经网络基本上可以解决大部分的复杂函数关系,所以对于水库调度函数这类具有一定复杂性的函数拟合而言,应用三层神经网络理论上可以得到较好的结果。人工神经网络作为一种并行的计算模型,能够同时考虑水库运行过程中运行要素间的非常复杂的关系,在函数的拟合过程中得到了很好的运用。根据长系列水库径流资料,采用优化算法进行水库中长期优化调度模拟,得到了水库中长期优化调度最优调度轨迹。以最优调度轨迹为基础,寻找水库运行过程中的要素(入库径流、水库库容与出力)之间的关系,从而得到水库调度函数。

通过建立"优化—拟合"的研究框架,基于人工神经网络方法的大规模水电站群调度规则提取主要包括两个方面。

(1)优化

构建三峡梯级和清江梯级混联水电站群的优化调度模型,使用动态规划方法进行求解,得到最优调度轨迹。

(2)拟合

使用人工神经网络对水电站群调度规则的拟合,最重要的是要找到合适的人工神经网络结构。通过对最优调度轨迹的分析,使用典型的三层 BP 人工神经网络,寻找梯级水电站群运行过程中的要素(入库流量、库容与出力)之间的关系,从而得到水电站群调度函数。

4.3.3.3 人工神经网络模拟结果

分别取水布垭、隔河岩三峡水电站当前时段的入流、库容和上一时段的入流、库容,共选取 12 个影响因子作为人工神经网络的输入变量[7],取水布垭、隔河岩、三峡水电站的时段最优出力 3 个因子决策变量。人工神经网络的网络结构确定后,由于 Sigmoid 函数对 0.1 到 0.9 之间的数据最为敏感,需要对输入输出数据进行归一化处理,否则会因为初值问题影响人工神经网络的精度及收敛性快慢。

$$X_i' = 0.1 + \frac{X_i - X_{\min}}{X_{\max} - X_{\min}} \times (0.1 \sim 0.9) \tag{4-17}$$

式中:X_i'——经过归一化后输入;

X_i——输入的原始数据；

$X_{\min}$——输入原始数据中的最小值；

$X_{\max}$——输入原始数据的最大值。

（1）隐含层单元数的确定

因为隐含层神经元数目对于结果的影响非常大，所以选择神经网络中隐含层的个数是关系到整体网络性能的关键。如果隐含层的数目过少，网络训练效果会很差，甚至是失去训练的功能；如果隐含层神经元的数目过大，对于训练样本的数目要求较为严格，训练时间也会相应的延长，计算得较慢。根据沈花玉[27]等，有以下3种方法可以确定隐含层单元的个数。

方法1：$\sum_{i=1}^{n} C_{n_l}^{i} > k$，其中 k 为样本数，n_l 为隐含单元数，n 为输入层单元数，i 为 $[0,n]$ 区间的整数。

方法2：$n_l = \sqrt{n+m} + a$，其中，n_l 为隐含层单元数，n 为输入单元数，m 为输出单元数，a 为 $[1,10]$ 区间的整数。

方法3：方法 $n_l = \log_2 n$，其中，n_l 为隐含层单元数，n 为输入元层数。

由于隐含层神经元单元数没有统一的确定方法，实际操作过程中采用哪种方法可根据个人喜好，依据相关文献的建议[27]，采用应用较为广泛的第2种方法来确定隐含层单元数目。

为了形成比较，将几种方案进行对比，以便得到较为可靠的隐含层单元数用于实际操作过程中。对每个方案的相关系数和训练误差进行统计分析，从而确定实际运用时隐含层单元的数目。借助 matlab 中的 nntool 工具对几种方案进行初步计算，几种不同方案的统计结果见表4-1，从表中可以看出，6种方案的相关系数都比较高，达到 0.85 以上，说明训练效果良好。通过对比可以发现"12-12-3"方案相关系数最高，分别达到 0.986、0.931 和 0.901，同时误差最小。最终确定 BP 人工神经网络的隐含层单元数为12。

表 4-1　　　　神经网络 5 种方案训练期和检验期统计结果对照

神经网络结构		方案 1	方案 2	方案 3	方案 4	方案 5	方案 6
		12-8-3	12-9-3	12-10-3	12-11-3	12-12-3	12-13-3
水布垭	相关系数	0.913	0.934	0.968	0.965	0.986	0.967
	误差（$\times 10^3$）	7.624	7.432	7.211	6.839	6.496	8.432

神经网络结构		方案 1	方案 2	方案 3	方案 4	方案 5	方案 6
		12-8-3	12-9-3	12-10-3	12-11-3	12-12-3	12-13-3
隔河岩	相关系数	0.906	0.912	0.921	0.925	0.931	0.934
	误差($\times 10^3$)	3.157	6.232	5.496	7.915	4.219	5.430
三峡	相关系数	0.868	0.856	0.894	0.851	0.901	0.891
	误差($\times 10^5$)	7.821	13.897	10.953	11.049	5.985	6.136

（2）人工神经网络调度函数模拟运行

依据人工神经网络调度规则提取流程，使用人工神经网络对梯级总出力进行模拟并使用实测资料进行模拟运行。结果表明，可使年均发电量从常规调度的年均发电量 1031.73 亿 kW·h 增加到 1033.90 亿 kW·h，增加发电量 2.17 亿 kW·h，发电保证率从常规调度的 95.36％增加到 96.77％。

4.3.4 遗传规划

遗传规划[28]（Genetic Programming，GP）是美国的 Koza 教授在 1992 年提出的一种新的进化计算方法，它是遗传算法的一个分支。其基本原理是：随机产生一个适合于给定问题环境的初始群体，每个个体都有一个适应度值，依据达尔文适者生存原则，用遗传算子处理得到高适应度的个体，产生下一代的群体，如此进化下去，给定问题的解或近似解将在某一代出现。与遗传算法最主要的区别是克服了传统遗传算法中个体的表示方法的局限性，提出了使用计算机程序来描述问题，该特征使其具有强大的启发式自动搜索寻优能力。

遗传规划的基本步骤如下。

步骤 1：确定个体的表达方式，包括 F（函数集）和 T（终止符集）。

步骤 2：随机产生初始群体（程序）。

步骤 3：运行群体中的每一个个体，并赋予每个个体一个适应度。

步骤 4：依据适应度随机选定个体和双亲，把当前群体复制成新的群体或者双亲个体随机选定的部位进行交换生成新的群体。

步骤 5：重复运行步骤 3、步骤 4，直到结果满足终止准则为止。

遗传规划的一般工作流程见图 4-5。

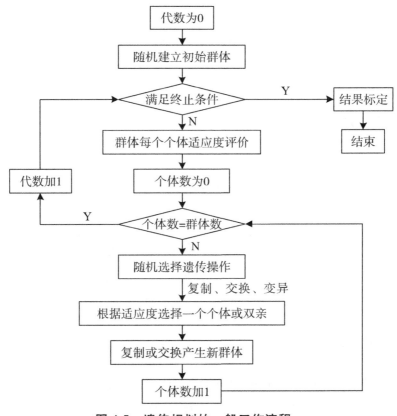

图 4-5 遗传规划的一般工作流程

目前遗传规划已在预测和分类、数据挖掘、信息检索、自动控制、发现工程经验公式、微分方程求解、符号回归等方面得到了广泛的应用。Yang 等[29]使用遗传规划分析伊利诺伊河中鱼类多样性与河流流态的特性之间的定量关系；Tung 等[30]运用遗传规划寻找了中国台湾鲑鱼与空气温度和河流流速之间的符号关系；Aytek 和 Kisi[31]使用 GP 挖掘出河流每日悬移质输沙量的显示关系，同多元线性回归结果进行对比分析，证明所得关系式的可行性；Aytek 和 Alp[32]把GP 应用于降雨径流模型中并同使用人工神经网络的结果进行了比较，证实 GP取得结果优于人工神经网络所得结果；Li 等[22]、李立平等[23]使用遗传规划方法，通过对清江梯级和三峡梯级进行聚合分解，挖掘出显性的调度函数，并用调度函数指导混联水电站群模拟运行，同常规调度和人工神经网络方法相比，结果表明 GP 可以有效地提取水电站群的非线性调度规则。

4.3.4.1 聚合分解理论

长期以来，国内外学者对聚合分解理论做出了大量的研究。聚合分解一般就是把串联、并联或者混联的水电站群聚合成为一个"虚拟的水电站",确定该水电站的总出力,再把电站的总出力分配到水电站系统的各个水电站。通过聚合的方法除可以把多个水电站转换成一个等效的水电站,并且该水电站可以表现出初始水电站群的一些特征外,还可以克服动态规划方法中的"维数灾"问题以及减少模拟和优化模型的数据计算量。

聚合就是把梯级水电站群看成一个整体,概化为一个"虚拟水库",该水库包括水电站群的基本水力信息,进而方便进行联合优化调度。通过分析各个水电站的蓄水状态和输入输出的径流量大小,能得到聚合水电站的总出力。同时考虑到聚合水电站内各个水电站单位水量所具有的能量是不等价的,因而有必要将各个水电站的水量转化为统一的能量。水电站群的能量主要来源于两个方面:入能和蓄能。对于单一水电站 j,水电站的入能按照如下定义计算。

$$r_{i,j} = k_j \cdot I_{i,j} \cdot \bar{H}_{i,j} \tag{4-18}$$

式中:$r_{i,j}$ —— j 水电站在 i 时段的入能;

$I_{i,j}$ —— j 水电站 i 时段的入流。

单一水电站的蓄能按照如下定义计算。

$$x_{i,j} = \frac{k_j}{\Delta t} \int_{VL_{i,j}}^{V_{i,j}} H_j(V) \mathrm{d}V \tag{4-19}$$

式中:$x_{i,j}$ —— j 水电站在 i 时段的蓄能;

Δt —— 调度期的时间间隔;

$VL_{i,j}$ —— j 水电站在 i 时段的最小库容;

$H_j(V)$ —— 在不同库容 V 下,所对应的平均出力水头。

对于两个并联水电站来说,两个水电站之间没有直接的水力联系,并联水电站的聚合相对于串联水电站就简单一些,只需将各自入能和蓄能相加即可。

$$r_{i,j} + r_{i,j+1} = k_j \cdot I_{i,j} \cdot \bar{H}_{i,j} + k_{j+1} \cdot I_{i,j+1} \cdot \bar{H}_{i,j+1} \tag{4-20}$$

$$x_{i,j} + x_{i,j+1} = \frac{k_j}{\Delta t} \int_{VL_{i,j}}^{V_{i,j}} H_j(V) \mathrm{d}V + \frac{k_{j+1}}{\Delta t} \int_{VL_{i,j+1}}^{V_{i,j+1}} H_{j+1}(V) \mathrm{d}V \tag{4-21}$$

对于串联水电站来说,由于它们之间存在水力联系,上游水电站的蓄水量(出流)可以被下游水电站重复利用,进而产生更多的能量。假定下游水电站保持初始状态不变,当龙头水电站使用完所有蓄存的水量后,串联水电站的入能和蓄能分别按照下式进行计算:

$$r_{i,j} + r_{i,j+1} = k_j \cdot I_{i,j} \cdot \bar{H}_{i,j} + k_{j+1} \cdot (I_{i,j} + I_{i,j+1}) \cdot \bar{H}_{i,j+1} \quad (4\text{-}22)$$

$$x_{i,j} + x_{i,j+1} = \frac{k_j}{\Delta t} \int_{VL_{i,j}}^{V_{i,j}} H_j(V)\,\mathrm{d}V + \frac{k_{j+1}}{\Delta t} \cdot \Delta V_{i,j} \cdot H_{i,j+1} + \frac{k_{j+1}}{\Delta t} \int_{VL_{i,j+1}}^{V_{i,j+1}} H_{j+1}(V)\,\mathrm{d}V$$

$$(4\text{-}23)$$

式中：$\Delta V_{i,j}$——j 水电站在 i 时段的可用库容。

根据上述公式，就可以得到包括串联水电站和并联水电站的混联水电站群在 i 时段的总入能 R_i 和总蓄能 X_i。

利用聚合的概念确定调度函数，只能得到水电站群的总出力，若要得到各个水电站的出力，从而确定下个时段聚合水电站所处的状态，就需要研究出时段总出力在各个水电站的分配问题，并由各个水电站的出力通过状态转移方程确定下一时段水电站的状态，为下一时段的计算做准备。这意味着需要寻求一种合理的分配方式，进行总出力的分解。

聚合水电站群的总出力分配思路是先将总出力分配到各个梯级，再将梯级总出力分配到各个水电站。通过模拟梯级水电站群最优出力的方法，将其中一个梯级总出力作为目标值，聚合水电站群的当前状态作为变量，通过遗传规划进行模拟计算，可将总出力分配到各个梯级。对最优出力轨迹分析可以看出，梯级上的龙头水电站出力与所在梯级总出力有着良好的线性关系（图 4-6 和图 4-7），因此可以利用这些线性关系将梯级总出力分配到梯级的各个水电站。

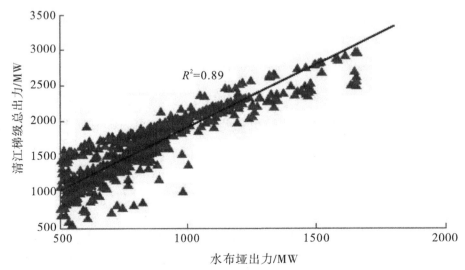

图 4-6　水布垭出力与清江梯级总出力关系

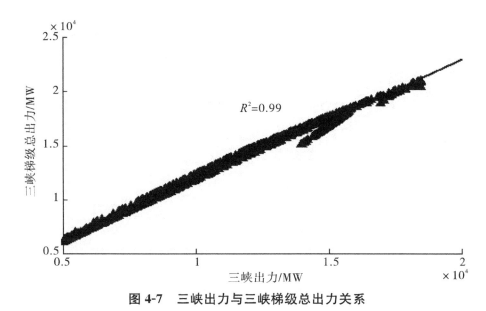

图 4-7　三峡出力与三峡梯级总出力关系

4.3.4.2　遗传规划方法提取调度规则流程

通过建立"优化—拟合—再优化"的研究框架,基于遗传规划的大规模水电站群调度规则提取主要包括以下几个方面。

(1)优化

构建三峡梯级和清江梯级混联水电站群的优化调度模型,使用逐次优化方法进行求解,得到最优调度轨迹。

(2)拟合

通过对各个时段梯级水电站群总入能和总蓄能的计算,同时引入入流和库容两个变量,使用遗传规划进行筛选及确定变量的形式;使用遗传规划对梯级水电站群总出力进行模拟和分配,先模拟梯级水电站群的总出力,然后将梯级水电站群总出力分配到两个梯级上,再利用龙头水电站出力和梯级总出力良好的线性关系,将梯级水电站群总出力最终分配到各个水电站。

(3)再优化

使用非线性优化算法(simplex 和 powell)方法对得到的调度规则系数进一步寻优,最终得到梯级水电站群的优化调度规则。

4.3.4.3　遗传规划模拟结果

(1)因子选择

在对水电站进行确定性优化调度运行计算的基础上,对水电站运行要素,

包括入库流量 $I_{i,j}$（输入变量）、水库库容 $V_{i,j}$（状态变量）和出库流量 $Q_{i,j}$ 或者水电站的出力 $P_{i,j}$（决策变量）之间的关系进行分析，一些学者发现决策变量 $Q_{i,j}$ 或者 $P_{i,j}$ 是状态变量 $V_{i,j}$ 和输入变量 $I_{i,j}$ 的函数，即 $Q_{i,j}=f(V_{i,j},I_{i,j})$ 或者 $P_{i,j}=f(V_{i,j},I_{i,j})$，函数的具体形式需要对优化调度结果进行具体分析后得出。同时考虑到梯级水电站群内各个水电站单位水量所具有的能量是不等价的，因而有必要将各个水电站的水量转化为统一的能量。梯级水电站群的能量主要来源于两个方面：入能和蓄能。依据 4.3.4.1 小节中聚合方法理论，可以得到梯级水电站群各个时段的总入能 R_i 和总蓄能 X_i。

将三峡梯级和清江梯级各个水电站的出力相加，分别得到梯级水电站群各个时段的总出力 P_i 和三峡梯级的出力 P_{1i}，初步选定各个时段的入流 I_i、库容 V_i、总入能 R_i 和总蓄能 X_i 作为输入变量，分别以梯级水电站群各个时段的总出力 P_i 和三峡梯级的出力 P_{1i} 为决策变量，使用遗传规划进行相关变量的筛选。使用遗传规划进行模拟计算，遗传规划中相关参数的取值见表 4-2。

表 4-2　　　　　　　　　　　GP 参数的取值

参数	参数取值
种群大小	250
产生个体大小	500
复制概率	0.05
交叉概率	0.9
变异概率	0.05
函数集	$\{+,-,\times,/,\sqrt{}\}$

按照设定的终止法则及优化标准进行遗传规划的计算，可以得到大量的回归公式，每个输入变量在所得公式中出现 1 次，频数就可以记为 1，统计各个输入变量在所有回归公式中出现的频数，最后将总频数除以所得的回归公式的总数，即可得到该输入变量的频率。频率的大小表示输入变量与决策变量的相关性强弱。从表 4-3 中可以看出，无论聚合还是分解过程中，时段总入能 R_i 和总蓄能 X_i 出现的频率最高，都达到 85% 以上，时段入流 I_i 和库容 V_i 出现频率较低，同时也可以表明能量聚合的合理性。因此可以选定时段总入能 R_i 和总蓄能 X_i 作为输入变量。

表 4-3   输入变量出现频率

输入变量	出现频率	
	聚合	分解
I_i	52	46
V_i	46	53
R_i	96	93
X_i	90	85

考虑到输入变量还可以有 4 种不同的组合方式,即 R_i、X_i、$R_i + X_i$ 和 R_i, X_i,需对不同组合的输入变量进行进一步筛选和比较。参数取值同上所述,同时加入 CoD(判定系数)、RMSE(均方根误差)和 AE(平均误差)作为遗传规划的筛选评价标准,计算公式见 4.2.2.5 小节中所述,再次使用遗传规划进行模拟计算,计算结果见表 4-4。

表 4-4   输入变量组合形式分析

输入变量	聚合			分解		
	CoD	RMSE	AE	CoD	RMSE	AE
R_i	0.79	2662.26	-41.35%	0.80	2149.57	-37.65%
X_i	0.32	4545.54	-50.73%	0.29	4022.90	-49.83%
$R_i + X_i$	0.73	2901.45	-45.68%	0.76	2759.13	-42.58%
R_i, X_i	0.98	690.52	-10.94%	0.96	967.94	-13.91%

从表 4-4 中可以看出,R_i, X_i 作为输入变量,在聚合和分解中都有最大的 CoD(分别达到 0.98 和 0.96),最小的 RMSE(分别为 690.52 和 967.94)及较小的平均误差,远优于其他三种组合,故最终选定 R_i, X_i 作为输入变量进行时段梯级水电站群总出力聚合和三峡梯级出力的分解拟合。

(2)总出力函数的建立

根据挑选的输入变量:时段总入能 R_i 和总蓄能 X_i,以时段梯级水电站群总出力为决策变量,使用遗传规划进行显性的总出力聚合函数模拟。参数取值与因子挑选部分取值相同,经过计算可得如下公式:

$$P_i = R_i - a_i X_i - \frac{b_i(X_i R_i - c_i X_i^{1.5})}{R_i^2 + X_i^{2.5} + X_i R_i - X_i^{1.5}} \quad (i = 1, 2, \cdots, n) \quad (4-24)$$

式中:P_i——水电站群的模拟总出力;

a_i、b_i 和 c_i——在不同调度时段 i 时总出力聚合函数的系数，其中系数初始值为：$a_1 = 0.290, b_1 = 5.660, c_1 = 0.083$。

下边对所得的总出力聚合函数进行简单的讨论，假定每个时段 i 时，水电站群的总蓄能 X_i 为一个常数，模拟总出力 P_i 对总入能 R_i 求偏导数可得：

$$\frac{\partial P_i}{\partial R_i} = 1 + \frac{b \cdot X_i \cdot (R_i^2 - X_i^{2.5} + X_i^{1.5} - 2c \cdot X_i^{0.5} \cdot R_i - c \cdot X_i^{1.5})}{(R_i^2 + R_i \cdot X_i + X_i^{2.5} - X_i^{1.5})^2} =$$

$$\frac{(R_i^2 + R_i \cdot X_i + X_i^{2.5} - X_i^{1.5})^2 + b \cdot X_i \cdot R_i^2 - b \cdot X_i^{3.5} + b \cdot X_i^{2.5} - 2b \cdot c \cdot X_i^{1.5} \cdot R_i - b \cdot c \cdot X_i^{2.5})}{(R_i^2 + R_i \cdot X_i + X_i^{2.5} - X_i^{1.5})^2}$$

$$> \frac{(R_i^2 + R_i \cdot X_i + X_i^{2.5} - X_i^{1.5})^2 - b \cdot X_i^{3.5} - 2b \cdot c \cdot X_i^{1.5}}{(R_i^2 + R_i \cdot X_i + X_i^{2.5} - X_i^{1.5})^2} > \frac{(X_i^{2.5} - X_i^{1.5})^2 - b \cdot X_i^{3.5} - 2b \cdot c \cdot X_i^{1.5}}{(R_i^2 + R_i \cdot X_i + X_i^{2.5} - X_i^{1.5})^2}$$

$$= \frac{X_i^5 - 2X_i^4 + X_i^3 - b \cdot X_i^{3.5} - 2b \cdot c \cdot X_i^{1.5}}{(R_i^2 + R_i \cdot X_i + X_i^{2.5} - X_i^{1.5})^2} > \frac{X_i^5 - 2X_i^4 - b \cdot X_i^{3.5}}{(R_i^2 + R_i \cdot X_i + X_i^{2.5} - X_i^{1.5})^2}$$

$$= \frac{X_i^{3.5} \cdot (X_i^{1.5} - 2X_i^{0.5} - b)}{(R_i^2 + R_i \cdot X_i + X_i^{2.5} - X_i^{1.5})^2} > 0$$

模拟总出力 P_i 对总入能 R_i 的偏导数大于 0，说明模拟总出力随着总入能的增大而增大。同理可以得到模拟总出力 P_i 对总蓄能 X_i 的偏导数也是大于 0。图 4-8 展示了理论最优总出力（POA 计算结果）和模拟总出力在空间之间的相互位置关系。从图中可以很明显地看出，模拟总出力对实际梯级总出力的模拟效果良好，实际确定性最优模拟过程（点）均在公式生成的曲面上（附近），并且随着总入能和总蓄能的增大而增大。

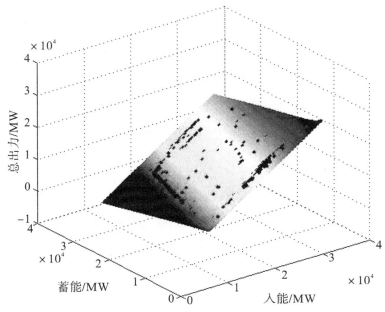

图 4-8 理论最优总出力和模拟总出力的空间位置关系

（3）总出力分配到各个电站

分配函数建立过程同总出力聚合函数建立相似，以时段三峡梯级水电站群总出力为决策变量，再次使用遗传规划进行显性的总出力分配函数模拟。经过模拟计算可得如下形式的公式，可将梯级水电站群总出力分配到三峡梯级上。

$$P_{1i} = R_i \sqrt{\frac{R_i}{R_i + \dfrac{d_i R_i^5}{X_i^{4.25}} + \dfrac{R_i^2}{e_i X_i + f_i R_i} + X_i}} \quad (i = 1, 2, \cdots, n) \quad (4\text{-}25)$$

式中：d_i，e_i 和 f_i——在调度时段 i 时总出力分解函数的系数，其中系数初始值：$d_1 = 2.000$，$e_1 = 3.193$，$f_1 = 2.193$。

梯级总出力在分配时需要满足下式：

$$\sum_{k=1}^{2} P_{ki} = P_i \quad (i = 1, 2, \cdots, n) \quad (4\text{-}26)$$

式中：P_{2i}——清江梯级第 i 时段的出力。

经过式（4-23）至式（4-25）的计算后，可将梯级水电站群时段总出力进行模拟，并将结果分配到两个梯级水电站上。

图 4-9 展示了三峡梯级理论最优出力（POA 计算结果）和模拟出力在空间之间的相互位置关系。从图中可以很明显看出对三峡梯级理论最优出力的模拟效果良好，并且三峡模拟出力也随着总入能和总蓄能的增大而增大。

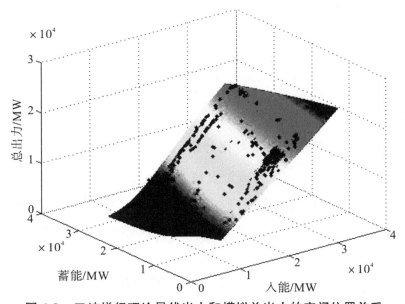

图 4-9　三峡梯级理论最优出力和模拟总出力的空间位置关系

再利用梯级水电站上龙头水电站出力和梯级出力良好的线性关系(图 4-6 和图 4-7),将梯级出力分配到梯级的各个水电站上。使用相同的实测径流资料,以旬为时段长度,使用所得调度规则对梯级水电站群进行模拟运行。使用调度规则模拟运行的年均总发电量为 1039.90 亿 kW·h,比常规调度年均多发电量 8.17 亿 kW·h,发电量提高 0.79%,梯级发电保证率可从常规调度的 95.36% 提高到 96.83%。

4.3.5 调度规则合成研究

以三峡梯级和清江梯级为研究对象,参照 4.2.2 小节中所述方法,构建采用常规调度、人工神经网络、遗传规划规则的 BMA 合成调度规则模型,分别采用 EM 算法和 MCMC 算法求解模型的参数集,通过模拟运行可知:BMA-EM 规则的年均发电量为 1045.40 亿 kW·h,发电保证率为 97.93%;BMA-MCMC 规则的年均发电量为 1048.33 亿 kW·h,发电保证率为 98.26%,具体结果见表 4-5。

表 4-5　　　　　　　　不同调度方法的年均发电量及发电保证率

方法	清江梯级/(亿 kW·h)			三峡梯级/(亿 kW·h)		合计/(亿 kW·h)	发电保证率
	水布垭	隔河岩	高坝洲	三峡	葛洲坝		
常规调度	35.68	28.40	8.56	813.65	145.43	1031.73	95.36%
ANN	35.00	29.10	9.50	810.60	149.70	1033.90	96.77%
GP	35.70	29.10	9.50	815.70	149.90	1039.90	96.83%
BMA-EM	36.55	29.32	9.54	819.63	150.36	1045.40	97.93%
BMA-MCMC	36.45	30.56	9.54	821.42	150.36	1048.33	98.26%
理论最优	37.45	31.75	9.54	837.38	150.36	1066.50	99.04%

4.3.5.1 BMA 规则与单个规则对比分析

从表 4-5 可以看出,BMA 合成调度规则无论在年均发电量还是在发电保证率上,均优于组成中的常规调度规则、人工神经网络规则和遗传规划规则,从一定程度上说明 BMA 合成调度规则可以集成单个规则的优势,形成一种更加稳健、优异的调度规则。

分别绘制各规则调度期内运行水位和出力过程的箱线图,见图 4-10。从图中可以看出,BMA 合成调度规则的出力过程不确定性明显较小,发电过程相对集中,发电过程中位数结果优于常规调度规则、人工神经网络规则和遗传规划规则的中位数结果,水位运行过程呈现出相似结论。但是从图中可以看出,水布垭、隔河岩常规调度图的水位运行过程相对集中,不确定性小,但是在所有规则中结果最差,部分原因在于常规调度受制于调度图,未能充分考虑优化信息在调度规则中的应用,尤其是汛期不能提前增加发电,导致弃水增加,削弱发电效益。

4.3.5.2 BMA-EM 与 BMA-MCMC 对比分析

从表 4-5 中可以看出调度效果:确定性优化调度＞BMA-MCMC＞BMA-EM＞遗传规划＞人工神经网络＞常规调度。BMA-MCMC 调度规则的年均发电量高于 BMA-EM 调度规则的运行结果,同时发电保证率也得到一定程度提高(从 97.93％到 98.26％),结合图 4-10 中各个水库的水位和出力的分布情况,可以看出 BMA-MCMC 调度规则的中位数均高于 BMA-EM 调度规则的中位数,可从一定程度上说明 BMA-MCMC 调度规则稍优于 BMA-EM 调度规则,即基于 MCMC 算法得到的参数集要优于 EM 算法的结果。MCMC 算法在全局最优解的求解方面要强于 EM 算法。BMA-EM 和 BMA-MCMC 求解的单个模型的权重见表 4-6。从表 4-6 可以看出,两种算法均可以按照调度效果赋予各调度规则以合适的权重,但是 MCMC 算法得到的权重结果更合理。

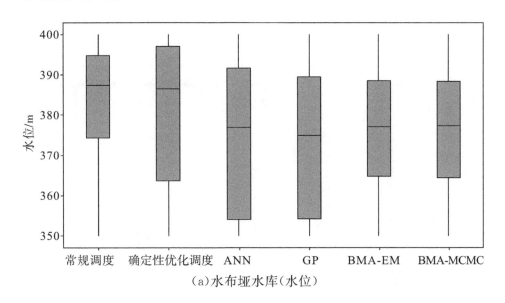

(a)水布垭水库(水位)

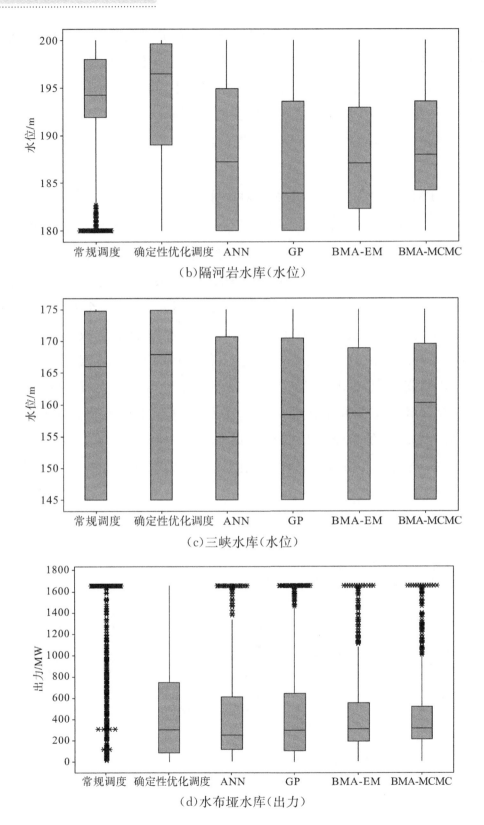

（b）隔河岩水库（水位）

（c）三峡水库（水位）

（d）水布垭水库（出力）

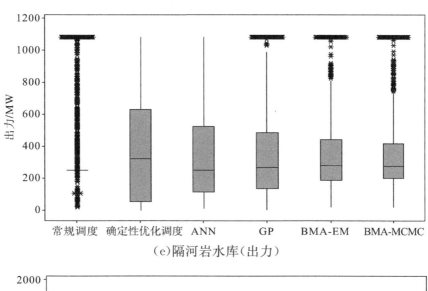

（e）隔河岩水库（出力）

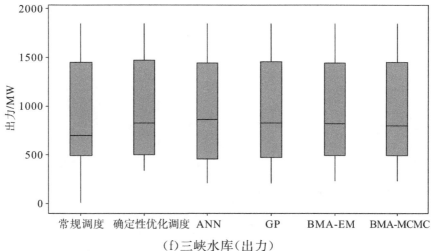

（f）三峡水库（出力）

图 4-10 BMA 综合调度规则与单个规则水位与出力箱形图

表 4-6 不同调度规则在合成调度规则中的权重

方法	常规调度	人工神经网络	遗传规划
BMA-EM	0.256	0.317	0.427
BMA-MCMC	0.261	0.276	0.463

4.3.5.3 BMA 合成调度规则不确定区间评价

给出两种合成调度规则模拟出力和确定性优化调度轨迹的评价指标，结果见表 4-7。从表中可以看出，BMA-MCMC 调度规则得到的确定性系数、均方根误差、平均误差、不确定区间对最优轨迹的覆盖率（CR）和平均带宽（B）评价指标均优于 BMA-EM 规则模拟运行结果，进而验证表 4-6 和图 4-10 的统计分析。

表 4-7　　　　　　　　　　　　合成调度规则的评价指标

方法	CoD	RMSE	AE	CR	B
BMA-EM	0.67	1943.97	−18.72%	82.61%	10.62
BMA-MCMC	0.69	1675.49	−15.36%	84.39%	10.39

从表 4-7 中可以看出,合成调度规则生成的 90% 不确定性区间可以覆盖 80% 以上的确定性优化调度过程,较好地反映调度过程的不确定性。以三峡水位为例,分别绘制 2000 年三峡水库 BMA-EM 和 BMA-MCMC 合成调度规则的运行过程,给出 90% 的不确定性区间,结果见图 4-11。从图中可以看出,三峡水库出力过程的最优调度轨迹大部分落于 90% 置信区间内,采用 BMA-MCMC 综合调度规则的置信区间稍窄于 BMA-EM 规则区间,说明 BMA-MCMC 规则的不确定性要小于 BMA-EM 规则的不确定性。三种调度规则对于极值的模拟效果均不佳,导致合成的调度规则的置信区间对极值覆盖效果较差。

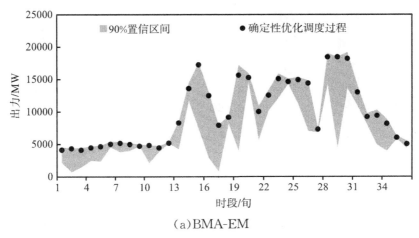

（a）BMA-EM

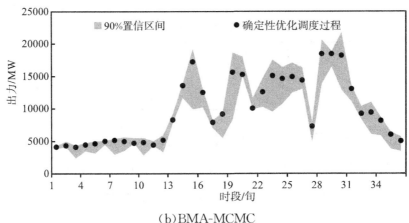

（b）BMA-MCMC

图 4-11　三峡水库 2000 年出力过程的不确定性分析

4.4 本章小结

本章参照 BMA 模型在水文预报方面的应用,将该方法应用于梯级水库群的发电调度当中。开展以常规调度、确定性优化调度、人工神经网络方法以及遗传规划规则进行水库优化调度规则的合成研究,通过构建水库综合调度规则的合成模型,分别采用 EM 算法和 MCMC 算法对模型进行求解,确定各个水库调度规则在合成的综合调度规则中的权重和方差,最后采用合成后的水库调度规则进行水库调度决策,并分析评价合成的综合调度规则的不确定性。得到的主要结论如下。

1)针对现有水库发电调度技术一般只采用单一的调度规则,借鉴 BMA 在水文预报中的应用,开展了梯级水库群的发电调度规则合成研究,相对于任一组成规则,合成的综合调度规则效果在发电量和发电保证率上均表现出一定的优势。所提方法可以集合单个模型的优势,从一定程度上提高梯级水库群的发电效益。

2)通过对比分析发现,BMA-MCMC 规则模拟运行效果稍优于 BMA-EM 规则,也从一定程度上说明 EM 算法原理简单,便于操作,但难以全局收敛,得到最优解,MCMC 算法流程复杂,但计算量繁重。

3)开展了综合调度规则的不确定性区间评价研究,合成的综合调度规则可以提供相对较优的决策值,为实际调度提供更多有用信息。

本章参考文献

［1］ Liu P, Cai X, Guo S. Deriving multiple near-optimal solutions to deterministic reservoir operation problems［J］. Water Resources Research, 2011,47(8):W08506.

［2］ Needhan J, Watkins D, Lund J. Linear programming for flood control in the Iowa and Des Moines rivers［J］. Journal of Water Resources Planning and Management,2000,126(3):118-127.

［3］ 梅亚东. 梯级水库优化调度的有后效性动态规划模型及应用［J］. 水科学进展,2000,11(2):194-198.

［4］ 郭生练,陈炯宏,刘攀,等. 水库群联合优化调度研究进展与展望［J］. 水

科学进展,2010,21(4):496-503.

[5] 张铭,丁毅,袁晓辉,等. 梯级水电站水库群联合发电优化调度[J]. 华中科技大学学报(自然科学版),2006,34(6):90-92.

[6] 陈森林. 水电站水库运行与调度[M]. 北京:中国电力出版社,2008.

[7] 胡铁松,万永华,冯尚友. 水库群优化调度函数的人工神经网络方法研究[J]. 水科学进展,1995,6(1):53-60.

[8] Hoeting J A,Madigan D,Raftery A E,et al. Bayesian model averaging:a tutorial[J]. Statistical Science,1999,14(4):382-401.

[9] 梁忠民,戴荣,李彬权. 基于贝叶斯理论的水文不确定性分析研究进展[J]. 水科学进展,2010,21(2):274-281.

[10] 董磊华,熊立华,万民. 基于贝叶斯模型加权平均方法的水文模型不确定性分析[J]. 水利学报,2011,42(9):1065-1074.

[11] Zhang J,Liu P,Wang H,et al. A Bayesian model averaging method for the derivation of reservoir operating rules[J]. Journal of Hydrology,2015,528:276-285.

[12] Vrugt J A,Diks C G H,Clark M P. Ensemble Bayesian model averaging using Markov chain Monte Carlo sampling[J]. Environmental Fluid Mechanics,2008,8(5-6):579-595.

[13] Vrugt J A,Ter Braak C J F,Diks C G H,et al. Accelerating Markov chain Monte Carlo simulation by differential evolution with self-adaptive randomized subspace sampling[J]. International Journal of Nonlinear Sciences and Numerical Simulation,2009,10(3):273-290.

[14] Raftery A E,Gneiting T,Balabdaoui F,et al. Using Bayesian model averaging to calibrate forecast ensembles[J]. Monthly Weather Review,2005,133(5):1155-1174.

[15] 田向军,谢正辉,王爱慧,等. 一种求解贝叶斯模型平均的新方法[J]. 中国科学:地球科学(中文版),2011,41(11):1679-1687.

[16] Laloy E,Vrugt J A. High-dimensional posterior exploration of hydrologic models using multiple-try DREAM(ZS) and high-performance computing[J]. Water Resources Research,2012,48(1):W01526.

[17] Vrugt J A, Ter Braak C J F, Diks C G H, et al. Accelerating Markov chain Monte Carlo simulation by differential evolution with self-adaptive randomized subspace sampling[J]. International Journal of Nonlinear Sciences and Numerical Simulation, 2009, 10(3): 273-290.

[18] Sadegh M, Vrugt J A. Approximate bayesian computation using Markov chain Monte Carlo simulation: DREAM(ABC)[J]. Water Resources Research, 2014, 50(8): 6767-6787.

[19] Xiong L, Wan M, Wei X, et al. Indices for assessing the prediction bounds of hydrological models and application by generalised likelihood uncertainty estimation[J]. Hydrological Sciences Journal, 2009, 54(5): 852-871.

[20] 刘攀, 郭生练, 郭富强, 等. 三峡梯级和清江梯级水库群联合调度补偿机制研究[A]. 刘国东等. 河流开发、保护与水资源可持续利用——第六届中国水论坛论文集[C]. 北京: 中国水利水电出版社, 2008.

[21] Liu P, Guo S, Xu X, et al. Derivation of aggregation-based joint operating rule curves for cascade hydropower reservoirs[J]. WaterResources Management, 2011, 25(13): 3177-3200.

[22] Li L, Liu P, Rheinheimer D E, et al. Identifying explicit formulation of operating rules for multi-reservoir systems using genetic programming[J]. WaterResources Management, 2014, 28(6): 1545-1565.

[23] Hagan M T, Demuth H B, Beale M H. Neural network design[M]. Boston: Pws Pub., 1996.

[24] Hecht-Nielsen R. Theory of the backpropagation neural network [A]. IJCNN. International Joint Conference on IEEE [C]. Amsterdam: Elsevier, 1989.

[25] Hornik K, Stinchcombe M, White H. Multilayer feedforward networks are universal approximators [J]. NeuralNetworks, 1989, 2(5): 359-366.

[26] Widrow B, Lehr M. 30 years of adaptive neural networks: perceptron, madaline, and backpropagation[J]. Proceedings of the IEEE, 1990, 78(9): 1415-1442.

［27］沈花玉,王兆霞,高成耀,等.BP 神经网络隐含单元层个数的确定[J].天津理工大学学报,2008,24(5):13-15.

［28］Koza,J. Genetic Programming:On The Programming of Computers by Means of Natural Selection[M]. Cambridge:The MIT Press,1992.

［29］Yang Y E,Cai X,Herricks EE. Identification of hydrologic indicators related to fish diversity and abundance:A data mining approach for fish community analysis[J]. Water Resources Research,2008,44(4):W04412.

［30］Tung C P,Lee T Y,Yang Y C E,et al. Application of genetic programming to project climate change impacts on the population of Formosan Landlocked Salmon[J]. Environmental Modelling & Software,2009,24(9):1062-1072.

［31］Aytek A,Kisi Ö. A genetic programming approach to suspended sediment modelling[J]. Journal of Hydrology,2008,351(3):288-298.

［32］Aytek A,Alp M. An application of artificial intelligence for rainfall-runoff modeling[J]. Journal of Earth System Science,2008,117(2):145-155.

［33］李立平,刘攀,张志强,等.基于遗传规划的水电群优化调度规则研究[J].中国农村水利水电,2013,44(2):134-137.

第5章 梯级水库调度规则的不确定性分析

5.1 引言

在水库调度决策中,水库调度固有的不确定性严重阻碍了水库群联合优化调度的应用。过去研究集中在预报入库流量、功能需求(如电网负荷)的不确定性分析等方面,而对水库最优调度决策灵敏性分析较少,没有考虑水库调度策略自身的柔性。在传统的水库调度中,通常只保留一个最优解,而忽略其他等效的最优解,这样往往丢失了很多有用的信息。即使是确定性的水库优化调度问题,也可能存在最优解的"异轨同效"现象,即多个最优调度轨迹存在等效性,这种现象可表现为最优解并不唯一。水库优化调度问题中多重解(多个最优解)的存在,使相同最优解下构建各种可行比较方案成为可能,为决策提供了广泛的选择余地,实现水库调度的柔性决策,具有重大的理论和现实意义[1]。

水文模型中的"异参同效"现象是近年来的热点研究问题。"异参同效"是指对于相同的模型结构和相同的模型输入,会有多个最优参数组,使所获得的模型输出具有相同的拟合精度。"异参同效"现象说明最优参数具有不唯一性,在参数识别中需采用有别于传统的寻求唯一最优解的思路,可利用参数不确定分析方法开展此类问题的研究。

根据系统理论,水库优化调度涉及最优辨识问题,调度轨迹或者调度规则参数均需进行参数识别,传统方法仅采用了优化的思路,如果"异轨同效"(指对于相同的调度模型和相同的模型输入,会有多个最优参数组,如调度轨迹或者调度规则参数,使所获得的调度结果具有相同的目标函数值)现象客观存在,那么采用基于不确定分析的方法来识别参数就具有可能性。

刘攀等[2]针对水电站厂内经济运行这一典型动态规划问题,对动态规划方法进行改进,寻求确定性水库优化调度的多重解(多个最优解),以隔河岩水库为例,从而证实"异轨同效"现象的存在性,为理论研究提供依据。Liu 等[3]提出了近似最优区间的概念,并给出了基于动态规划原理的算法,为寻求近似最优区间提供了较小的搜索区间,给出了近似最优解的定义,提出了寻求近似最优解的近似最短路径算法、改进以种群为单位的遗传算法以及马尔可夫蒙塔卡罗算法(Markov Chain Monte Carlo,MCMC)。以三峡水库和清江梯级水库为研究对象,将提出的方法予以运用。本章是在文献[2-3]的基础上,通过建立寻求最优调度轨迹或者最优调度规则的模拟模型,采用通用似然不确定分析方法(Generalized Likelihood Uncertainty Estimation,GLUE)、MCMC 算法等不确定性分析方法推求最优调度轨迹的区间分布,进而将传统的点决策转换为区间决策。

5.2 水库调度规则的柔性决策

5.2.1 隐随机调度与水文模型的类比

自 Young[4] 提出水库隐随机调度规则提取方法以来,Karamouz 和 Houck[5]证明拟合最优调度轨迹最好的调度规则不一定效率高,Koutsoyiannis 和 Economou[6]提出了基于模拟的优化方法;由于以遗传算法为代表的智能算法在求解复杂优化问题方面具有灵活性和通用性,基于模拟的优化算法已成为推求隐随机调度规则的标准方法[7-12]。

流域水文模型与水库优化调度问题颇具相似之处:目标函数是多极值的;模型中包含的参数(在水库调度中是调度轨迹或者调度规则参数)之间存在相互补偿作用;模型参数具有随机性。本章拟借鉴水文模型中的"异参同效"分析技术,将隐随机调度规则推求问题中的调度规则参数视为具有概率分布特征的参数,将调度目标函数值视为似然函数,采用基于贝叶斯理论的不确定性分析技术[13-16],研究水库调度中的"异轨同效"现象,解决多个最优调度轨迹的等效性问题,从而估计最优调度区间。

由图 5-1 和表 5-1 可知,将水库调度规则形式视为模型,调度规则参数视为参数,调度目标函数视为似然函数,将通用似然不确定性估计法[13](GLUE)和马尔科夫链蒙特卡罗法[14](MCMC)等不确定性分析方法代替传统的优化方法,研究参数的后验概率分布,进而根据模拟调度进一步估计最优调度轨迹的区间分布。研究前提是认为各种调度规则参数均具有可行性与可能性,只是概率分布不同。评价最优调度区间内的可行轨迹的调度效率,从而可验证区间估计的合理性。

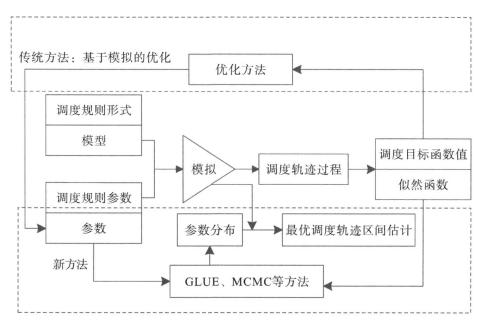

图 5-1 隐随机调度规则推求问题的传统方法与不确定性分析方法

表 5-1   水文模型参数率定和水库调度规则推求过程的类比

项目	水文模型参数率定	水库调度规则推求
目标函数	拟合实测径流过程	最大化调度效益
参数	水文模型参数	调度规则参数
模拟模型	水文过程模拟	水库运用模拟

5.2.2 确定性调度模型

5.2.2.1 目标函数

1)假定水电站的主要目标就是发电,考虑水电站的年均发电量最大:

$$\max E = \frac{1}{m}\sum_{i=1}^{n}\sum_{j=1}^{m}P_{i,j}\Delta t_{i,j} \qquad (5-1)$$

式中:n——划分的每年调度时段数目;

m——调度期的总年数;

$\Delta t_{i,j}$——调度期的时段长度；

$P_{i,j}$——i 时段 j 电站的出力，出力的计算公式如下：

$$P_{i,j} = \min(K_j \cdot Q_{i,j} \cdot \bar{H}_{i,j}, f_{\max}(\bar{H}_{i,j})) \qquad (5\text{-}2)$$

式中：k_j——j 水电站的综合出力系数（从 8.5 到 8.8 不等）；

$Q_{i,j}$——j 水库在 i 时段的出流；

$f_{\max}(\bar{H}_{i,j})$——j 水库在 i 时段的机组出力限制曲线；

$\bar{H}_{i,j}$——j 水电站 i 时段的平均发电水头。

$$\bar{H}_{i,j} = f_{ZV}\left(\frac{V_{i,i} + V_{i+1,i}}{2}\right) - f_{ZQ}(Q_{i,j}) \qquad (5\text{-}3)$$

式中：f_{ZV}——j 水电站的水位和库容之间的函数关系；

f_{ZQ}——j 水电站的下游水位和尾水流量之间的函数关系。

2）考虑梯级水电站群的发电保证率最大：

$$\max \frac{\mathrm{num}(\sum_{j=1}^{m} P_{i,j} \geqslant P_{\min})}{n} \qquad (5\text{-}4)$$

式中：$P_{\min}$——梯级水电站群的保证出力，是一个固定值。

$\mathrm{num}(\sum_{j=1}^{m} P_{i,j} \geqslant P_{\min})$——各个时段中水电站总出力大于保证出力的次数。

5.2.2.2 约束条件

1）水量平衡约束条件见式（2-7）。

2）库容约束条件见式（2-8）。

3）水库出库流量约束条件见式（2-9）。

4）电站出力约束条件见式（2-11）。

5）始末状态约束条件见式（2-12）。

5.2.3 水库优化调度规则

按照单一水电站的优化算法，对历史来水系列按确定性优化模型计算得出的水库优化调度成果，反映了该来水情况下的优化调度现实，但是由于历史来水不可能在现实中重现，实际调度工作中的来水是未知的，因此上述确定性来水条件下得出的优化调度成果尚不能指导实际运行调度，所以需要进一步分析优化计算成果,建立与实际尽可能拟合的水库调度函数用以指导决策运行。

5.2.3.1 隐随机优化原理

当一年中各时段的径流量 I_t 给定后,可以求得水库的最优运行过程 V_t^* 及最优决策 Q_t^*,N_t^*,对于每一个时段,就可得到一组数据(Q_t^*,V_t^*,I_t)。如果对 N 年的水文资料进行确定性优化计算,对每一时段,就可求得 N 组数据($Q_{i,t}^*$,$V_{i,t}^*$,$I_{i,t}$,$i=1,2,\cdots,N$)。从隐随机优化调度的角度来说,这 N 组数据就是反映水库的最优调度规律。通过对这 N 组数据进行统计分析,可以确定水库最优下泄流量 Q_t 与时段初蓄水量 V_t 及 I_t 之间的函数关系,记为:

$$Q_t = R(V_t, I_t) \tag{5-5}$$

在水库的实际运行中,进行水库的调度决策时,时段初的蓄水量 V_t 是已知的,I_t 可以通过预报确定,按照 $Q_t = R(V_t, I_t)$ 就可以求出相应的 Q_t,Q_t 就是水库运行的最优决策,也可寻找水电站出力 N_t 与径流 Q_t 和水库蓄水 V_t 的函数关系,构建水库调度函数。

5.2.3.2 调度函数的形式

从优化调度函数的一般形式可以看出,Q_t 是 V_t 和 I_t 的函数,是一个二元函数,当水库的预报流量的 I_t 比较准确时,才能应用这一优化调度函数,但在水库调度中,要准确预报 I_t 还有一定的困难。同时,从隐随机优化法的计算过程中看到,Q_t 是以 I_t 为条件求得的,因此,Q_t 也就隐含考虑了 I_t 的变化,从而可以将调度函数简化成一元函数,即

$$Q_t = R(V_t) \tag{5-6}$$

考虑 I_t 的调度函数称为考虑径流预报调度函数,不考虑 I_t 的调度函数称为不考虑径流预报调度函数。考虑到面临时段径流预报的精度难以保证,而相邻时段间径流往往存在一定程度的相关关系,在调度函数中引入前一时段的径流量 I_{t-1} 以代替面临时段径流量,这样的调度函数称为考虑径流相关调度函数,即调度函数为

$$Q_t = R(V_t, I_{t-1}) \tag{5-7}$$

以上的调度函数,也可以采用发电出力 N_t 代替出库流量 Q_t,水库水位代替库容 V_t。本章中,考虑面临时段的预报径流,调度函数为一元函数,回归因子为当前阶段的可用水量 W_t($\times 10^6 \text{m}^3$),决策因子为出力 N_t(MW)。调度函数形式表示如下:

$$N_t = a \cdot W_t + b \tag{5-8}$$

其中可用水量 W_t 的计算方法为：

$$W_t = V_t + I_t \cdot \Delta t \tag{5-9}$$

式中：V_t —— t 时段初水库总蓄水量；

I_t —— t 时段的水库流量；

Δt —— t 时段长；

a，b ——待确定的调度函数系数。

为了确定准确的调度函数形式，应该将 N 组数据（N_t，W_t）点绘在坐标纸上，分析函数的分布形式。拟合调度函数时，考虑到系统可靠性的要求，通常将出力值偏大的异常点剔除，拟合的调度函数应接近于这些点群的下包线，这样各时段出力值可能比相应优化的出力值偏小了一点，但可以提高系统的发电保证率，保证系统可靠性的要求，同时也使各个时段的出力更为均匀。

5.2.3.3　线性回归原理

建立水库调度函数常用的方法是线性回归分析，即先通过物理成因分析选定回归因子和决策因子，然后采用最小二乘法进行线性拟合。在水库调度中，建立调度函数时假定 t 时段的决策出水量 Q_t 与该时段初的水库蓄水量 V_t、该时段的入流 I_t 及下一时段的入流 I_{t+1} 等 m 个因子有关，此时多元线性回归的数学模型为：

$$Q_t = \beta_0 + \beta_1 V_t + \beta_2 I_t + \beta_3 I_{t+1} + \cdots + \beta_m I_m + \varepsilon \tag{5-10}$$

式中：β_0，β_1，β_2，$\cdots$，β_m ——未知参数；

Q_t 和 V_t ——由优化调度模型求得的已知量；

I_t，I_{t+1}，$\cdots$，I_m ——已知或预报的来水流量；

ε ——随机误差。

为方便起见，用 y 代替 Q_t，x_1 代替 V_t，x_2 代替 I_t，$\cdots$，x_m 代替 I_m 等，上式可以写为：

$$y = \beta_0 + \beta_1 x_1 + \beta_2 x_2 + \cdots + \beta_m x_m + \varepsilon \tag{5-11}$$

对随机误差项假定服从正态分布，即：

$$E(\varepsilon) = 0, \mathrm{Var}(\varepsilon) = \sigma^2 \tag{5-12}$$

假设通过优化调度模型共计算有 n 组数据（y_i，x_{i1}，x_{i2}，$\cdots$，x_{im}），$i = 1$，2，$\cdots$，n，有 $n > m$，用矩阵表示为：

$$Y = \begin{bmatrix} y_1 \\ y_2 \\ \vdots \\ y_n \end{bmatrix}, X = \begin{bmatrix} 1 & x_{11} & x_{12} & \cdots & x_{1m} \\ 1 & x_{21} & x_{22} & \cdots & x_{2m} \\ \vdots & \vdots & \vdots & \vdots & \vdots \\ 1 & x_{i1} & x_{i2} & \cdots & x_{im} \end{bmatrix}, \beta = \begin{bmatrix} \beta_0 \\ \beta_1 \\ \vdots \\ \beta_m \end{bmatrix}, \varepsilon = \begin{bmatrix} \varepsilon_1 \\ \varepsilon_2 \\ \vdots \\ \varepsilon_n \end{bmatrix} \qquad (5\text{-}13)$$

则有:

$$Y = X\beta + \varepsilon \qquad (5\text{-}14)$$

采用最小二乘法对上式进行求解,可以得出 β 的最小二乘估计值,从而可以用经验回归方程计算因变量的回归值及其残差。

采用线性回归方法研究水库调度函数,当回归因子多于 1 个时,存在着选择基函数和求解系数的困难。逐步回归方法可以挑选最佳因子来组合拟合函数,具有较大的弹性和拟合精度,因此被广泛采用。

假定出流和可用水量服从正态分布,参照 Helsel 和 Hirsch[17] 所提方法,可以采用线性回归去估计式(5-13)中的参数,同时出流的 $(1-\alpha)$ 的置信区间为:

$$Q_{i,j} - t_{\alpha/2,(m-2)} S \leqslant Q_{i,j} \leqslant Q_{i,j} + t_{\alpha/2,(m-2)} S \quad i = 1, 2, \cdots, n \quad (5\text{-}15)$$

$$\hat{\sigma} = \sqrt{\frac{1}{m-2} \sum_{j=1}^{m} (Q_{i,j} - R_{i,j}^{o})^2} \qquad (5\text{-}16)$$

$$\overline{X} = \frac{1}{m} \sum_{j=1}^{m} (\mathring{V}_{i,j} + I_{i,j}) \qquad (5\text{-}17)$$

式中:$t_{\alpha/2,(m-2)}$ ——满足自由度为 $(m-2)$,显著性水平为 $\alpha/2$ 的 t 分布;

S ——方差;

$R_{i,j}^{o}$ ——确定性优化调度的出流;

$\mathring{V}_{i,j}$ ——确定性优化调度的时段初库容。

5.2.4 基于贝叶斯理论的不确定性分析技术

贝叶斯理论在洪水预报和水文模型、水文分析计算以及水环境等领域应用广泛[18-23]。研究"异参同效"不确定性分析的方法很多,国际水文科学协会(IAHS)通过 Workshop 的方式,在全世界范围内探讨环境科学中的不确定性分析方法,其中常用的有伪贝叶斯方法和贝叶斯统计推断方法。

5.2.4.1 伪贝叶斯方法

GLUE 是目前最常用的不确定性估计的经验频率方法,它的原理与步骤如下。

步骤 1：假设水库调度目标函数中参数的先验分布是均匀分布，通过随机模拟取样方法生成一定数目的可行参数组。

步骤 2：输入资料，利用模拟模型，计算各参数组对应的似然函数值（目标函数值）。选定最优调度目标函数值的 α 倍为阈值（α 为 0 和 1 之间的随机数），对似然函数值低于该阈值的参数组，令其相应的似然函数值为 0；对高于该阈值的参数组，按照似然函数值由高到低排序，设第 i 组参数对应的似然函数值为 F_i，则它的权重为 $\dfrac{F_i}{\sum F_i}$。

步骤 3：这些具有权重的参数组就是参数的后验分布，取其经验分布即可估计区间的分布。

5.2.4.2　贝叶斯统计推断方法

常用的改进方法有 AM-MCMC 算法[17]，可不需给定参数的先验分布，步骤如下。

步骤 1：设水库调度规则有 n 个参数，随机生成 i 组（如 $i=100$）矢量参数组 $\theta_k(k=1,2,\cdots,i)$，计算相应的调度目标函数值。

步骤 2：利用下式计算矢量参数组样本的协方差矩阵。

$$\boldsymbol{C}_i = s_n \text{Cov}(\theta_1,\theta_2,\cdots,\theta_i) + s_n \boldsymbol{\xi} \boldsymbol{I} \tag{5-18}$$

式中：$s_n = \dfrac{2.4^2}{2n}$；

$\boldsymbol{I}$——n 维单位矩阵；

ξ——0.01 和 0.1 之间的随机数。

步骤 3：生成新的矢量参数组样本 $\theta_{i+1} \sim N(\theta_i, C_i)$，$N(\cdot)$ 代表多维正态分布。

步骤 4：将新的矢量参数组 θ_{i+1} 样本带入模拟模型进行计算，得到目标函数值 F_{i+1}。

步骤 5：计算接受的概率 $\beta = \min(1, \dfrac{F_{i+1}}{F_i})$。

步骤 6：产生 0 和 1 之间的随机数 α，如果 $\alpha < \beta$，那么 $\theta_{i+1} = \theta_{i+1}$，否则 $\theta_{i+1} = \theta_i$。

步骤 7：$i=i+1$，重复步骤 2～6，直到生成足够的矢量参数组数（如 5000）

为止。

步骤 8：这些矢量参数组就是参数的后验分布，取其经验分布估计调度轨迹区间的分布。

5.2.4.3 似然函数选择

分别选择确定性优化调度轨迹的拟合度和梯级水库年均发电量作为贝叶斯理论的不确定性分析方法的似然函数。

$$l_1(\theta) = \exp\left(-\frac{\displaystyle\sum_{j=1}^{m}\sum_{i=1}^{n}(\hat{R}_{i,j} - R_{i,j}^0)^2}{\displaystyle\sum_{j=1}^{m}\sum_{i=1}^{n}(R_{i,j}^0 - \bar{R}_{i,j})^2}\right) \tag{5-19}$$

$$l_2(\theta) = E = \frac{1}{m}\sum_{j=1}^{m}\sum_{i=1}^{n}N_{i,j}\Delta t_{i,j} \tag{5-20}$$

式中：$l_1(\theta)$——确定性优化调度轨迹的拟合度；

$l_2(\theta)$——梯级水库年均发电量。

5.3 实例研究

本章以三峡梯级水库为研究对象，流量资料采用宜昌水文站的实测资料，图 5-2 反映了宜昌水文站流量资料的径流特性，通过分析可以得出，1882—2003 年，径流资料满足一致性，2003 年后受水库调蓄影响，径流特性呈现非一致性。因此采用 1882—2003 年的径流资料，其中 1882—1961 年为率定期，1962—2003 年为检验期。以旬为调度时段，分别采用 4.2 小节中所述方法，依次进行求解。其中高坝洲水库由于库容较小，作为径流式电站考虑，不需要开展其调度规则的不确定性研究工作。

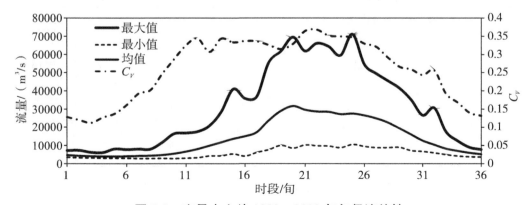

图 5-2 宜昌水文站 1882—2003 年旬径流特性

5.3.1 确定性优化调度结果

采用隐随机优化方法开展三峡梯级水库中长期调度,对于多阶段决策的水电站优化调度问题,通常采用动态规划方法求解。本章确定性优化调度模型目标为年平均发电量和发电保证率最大,通常传统动态规划方法适合求解单目标问题,因此需要加入惩罚函数合并为一个目标,使多目标优化转化为单目标优化,式(5-1)可转化为式(5-21),便于进行模型求解,具体求解过程不再赘述,可参照相关文献[6]。计算结果见表 5-2。

$$\max E = \frac{1}{m}\sum_{i=1}^{n}\left(\sum_{j=1}^{m}P_{i,j} - g\left(\sum_{j=1}^{m}P_{i,j}\right)\right) \cdot \Delta t_{i,j} \tag{5-21}$$

式中:$g\left(\sum_{j=1}^{m}P_{i,j}\right)$——惩罚函数,定义如下。

$$g\left(\sum_{j=1}^{m}P_{i,j}\right) = \begin{cases} k\left(\sum_{j=1}^{m}P_{i,j} - P_{\min}\right)^a & \sum_{j=1}^{m}P_{i,j} < P_{\min} \\ 0 & \sum_{j=1}^{m}P_{i,j} \geqslant P_{\min} \end{cases} \tag{5-22}$$

式中:k 和 a——可以调整的系数,通过调整取值使得梯级水电站群发电保证率满足要求。

表 5-2　　　　　　　　各种方法优化结果

方案			年均发电量/($\times 10^9$ kW·h)			
			率定期		检验期	
			均值	方差	均值	方差
确定性优化调度			89.22	—	86.40	—
优化调度规则(系数优化)			88.48	—	85.66	—
线性规则	系数未优化		84.12	—	81.79	—
	90%区间		82.69	0.499	80.58	0.784
贝叶斯方法	GLUE1	中位数	88.02	—	85.20	—
		90%区间	83.88	0.023	81.08	0.023
	GLUE2	中位数	88.39	—	85.68	—
		90%区间	85.70	0.043	81.98	0.034

续表

方案			年均发电量/($\times 10^9$ kW · h)			
			率定期		检验期	
			均值	方差	均值	方差
贝叶斯方法	MCMC1	中位数	87.63	—	85.10	—
		90%区间	85.73	0.014	83.14	0.108
	MCMC2	中位数	88.46	—	85.70	—
		90%区间	88.27	0.012	85.51	0.106

5.3.2 线性规则调度结果

图 5-3 展示了 5 月和 6 月上、中、下旬的调度函数关系，基于确定性最优调度轨迹，将可用水量与出库流量进行了拟合。

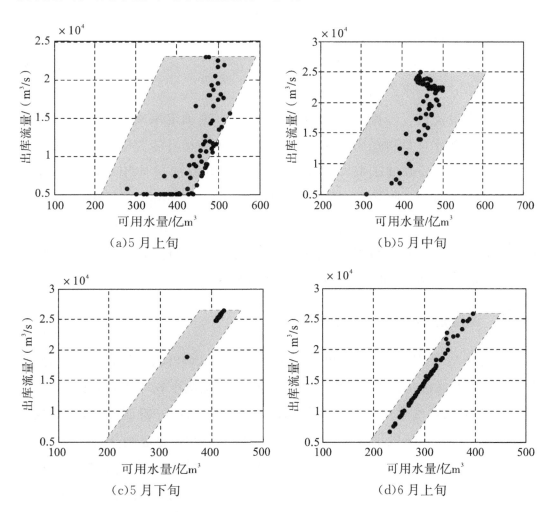

（a)5 月上旬 　　　　　　　　　（b)5 月中旬

（c)5 月下旬 　　　　　　　　　（d)6 月上旬

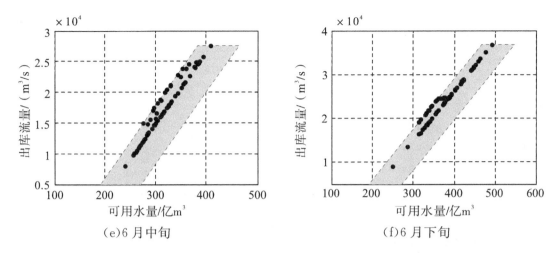

(e)6 月中旬　　　　　　　　　　　(f)6 月下旬

图 5-3　基于确定性最优调度轨迹的水库出库流量与可用水量的关系

从图中可以看到,拟合面可以包含大部分的实测点,拟合效果良好,进而可以论证简单的线性规则对三峡水库旬调度的合理性。

采用简单的线性调度规则,即:

$$R_t = a_t(V_t + I_t) + b_t \qquad (5\text{-}23)$$

式中:a_t 和 b_t ——水库调度规则参数。

为获得最优调度规则,一般通过模拟优化方法确定水库调度规则参数 a_t 和 b_t,由于梯级水电站群总出力聚合函数及分配函数具有多变量、高度非线性及没有约束的特性,调度函数中的参数 a_t 和 b_t 可以通过使用非线性优化方法[24—26]使目标函数,即式(5-24)最大来进一步调整,如 Simplex 和 Powell 方法,然后可以求得各个时段的最优系数。参数 a_t 和 b_t 的范围分别设定为[0,200]和[—80000,20000],计算结果见表 5-2。参数经过优化后,率定期发电量为884.8 亿 kW·h,检验期发电量为 856.6 亿 kW·h。

5.3.3　调度规则不确定性分析

从图 5-3 可以看出,任何线性规则都不能对最优调度轨迹进行完美拟合,因此需要开展水库优化调度规则的不确定分析。传统调度规则中,通常把参数定义为固定的常数,本章开展的水库优化调度规则不确定分析研究中,将参数视为随机变量。首先随机生成一些参数组,参数 a_i 和 b_i 的范围分别设定为[0,200]和[—80000,20000],然后计算相应的年均发电量指标,最终将参数组和计算的年均发电量绘制在图中,绘制图形见图 5-4,类似水文模型的"异参同效"现象[27],可以看出不同的参数组合,可以最终得到相同的调度结果,参数存在一定的聚类,即存在等效性,为"异轨同效"的研究提供了理论基础。

分别采用线性回归和贝叶斯理论开展水库优化调度规则的不确定性分析研究,主要采用以下 5 种方案来对比分析,即 LR、GLUE1、GLUE2、MCMC1 和 MCMC2(1 和 2 分别指代似然函数为最优拟合确定性优化调度轨迹和最大年均发电量)。通过开展水库优化调度规则的不确定性分析研究,将确定性的调度过程视为一种服从分布的决策过程,可将以往常规方法的单一决策向柔性决策转变,为操作者提供更多的选择。采用 3 个指标来评价和分析出流的分布过程,即分布的中位数,平均值以及 90%(或者 95%)的置信区间内的方差。其中,90%置信区间用于评估调度过程的不确定性大小,均值和方差用于评估调度结果的优劣。依据 5.2.4 小节中所述方法,开展水库优化调度规则不确定性分析研究,结果见表 5-2。从表中可以看出,贝叶斯方法在检验期生成结果优于线性回归方法,但率定期结果劣于线性回归结果,具体的分析如下。

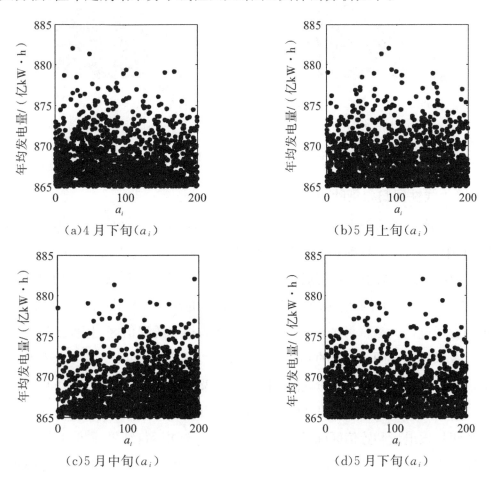

（a）4 月下旬(a_i) （b）5 月上旬(a_i)

（c）5 月中旬(a_i) （d）5 月下旬(a_i)

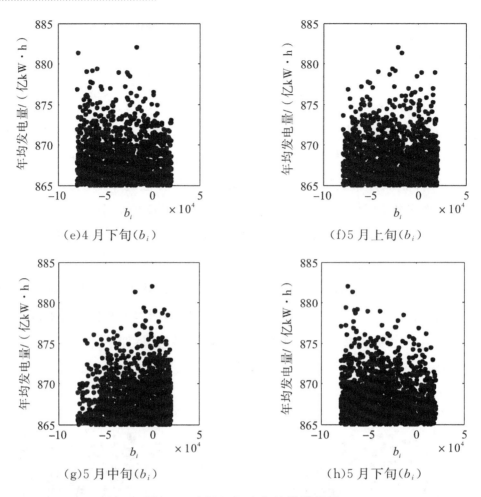

（e）4 月下旬（b_i）　　　　　　　　　　　（f）5 月上旬（b_i）

（g）5 月中旬（b_i）　　　　　　　　　　　（h）5 月下旬（b_i）

图 5-4　隐随机调度参数的等效性

5.3.3.1　线性回归和贝叶斯方法对比分析

图 5-5 展示了基于线性回归和贝叶斯方法的水位优化调度过程,包括 90% 置信区间、中位数,同时将确定性优化调度过程和优化调度规则的水位运行绘制于图形,作为对比参考的依据。从图中可以看出,通过线性回归(LR)和贝叶斯模拟(BS)方法得到的 90% 置信区间可以覆盖大部分的确定性优化调度过程和优化调度规则运行过程。参照 Xiong 等[28]所提的指标,相同的置信区间内,区间越窄,表明估计效果越佳。图 5-4 中的 GLUE1、GLUE2、MCMC1 和 MCMC2 产生的 90% 置信区间窄于 LR 方法产生的置信区间,表明 BS 方法优于 LR 方法。同时从表 5-2 中也可以得到,基于 BS 方法的 GLUE1、GLUE2、MCMC1 和 MCMC2 最终运行得到的年均发电量和置信区间发电量均高于 LR 方法运行结果,同时 BS 方法得到的方差小于 LR 方法的方差,说明通过 BS 方法得到的运行过程不确定性小于 LR

方法运行过程的不确定性。基于以上分析,可以得出 BS 方法表现优于 LR 方法。

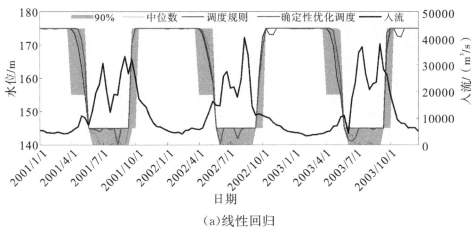

（a）线性回归

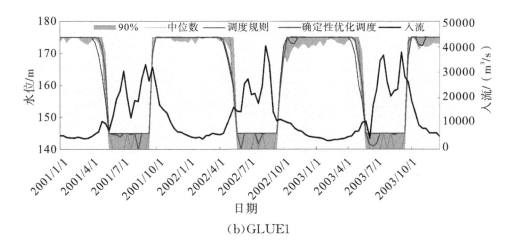

（b）GLUE1

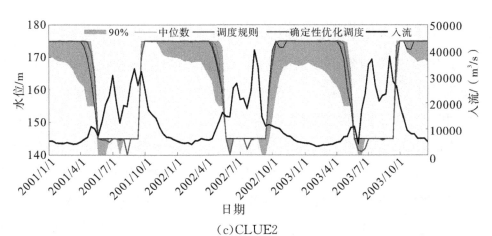

（c）CLUE2

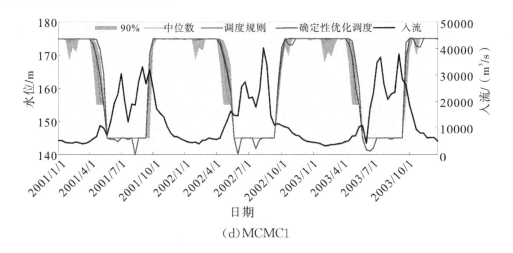

（d）MCMC1

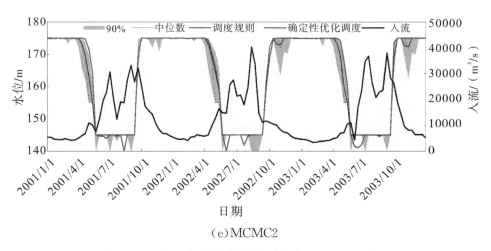

（e）MCMC2

图 5-5　5 种方案的调度结果过程（2001—2003 年）

5.3.3.2　最优拟合优化调度轨迹和最大化年均发电量对比分析

　　基于 BS 方法的似然函数采用了两个准则，分别以优化调度轨迹拟合最优和年均发电量为优化准则。从表 5-2 中可以看出，以年均发电量最大的 GLUE2 和 MCMC2 调度过程年均发电量的中位数分别为 883.9 亿 kW·h 和 884.6 亿 kW·h，90% 置信区间的年均发电量的均值分别为 857.0 亿 kW·h 和 882.7 亿 kW·h，以优化调度轨迹拟合最优为优化准则的 GLUE1 和 MCMC1 调度过程年均发电量的中位数分别为 880.2 亿 kW·h 和 876.3 亿 kW·h，90% 置信区间的年均发电量的均值分别为 838.8 亿 kW·h 和 857.3 亿 kW·h，GLUE2 和 MCMC2 方案效果全面优于 GLUE1 和 MCMC1 方案调度过程，说明以最大化年均发电量的优化准则调度效果优于以优化调度规则拟合最优的运行过程。

基于模拟仿真,采用不确定性分析技术,最终得到了参数估计与最优调度决策估计,以 2000 年为例,绘制 10 月上旬和中旬最终决策水位的边缘分布图,结果见图 5-6。分别将方案 GLUE2 同方案 GLUE1 和方案 MCMC2 同方案 MCMC1 进行对比,结果表明,以最大化年均发电量的优化准则最终决策水位的边缘分布相对于以优化调度规则拟合最优的运行过程结果来说更为集中,进而说明以最大化年均发电量的优化准则的调度过程不确定性更小,方案要优于以优化调度规则拟合最优的运行过程。相对于单一调度决策,不确定分析结果表明,调度不一定需严格地控制水库水位在 170m 左右。

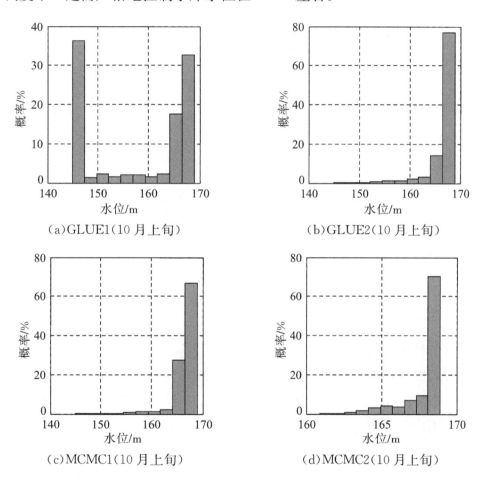

（a）GLUE1（10 月上旬）　　　　　（b）GLUE2（10 月上旬）

（c）MCMC1（10 月上旬）　　　　　（d）MCMC2（10 月上旬）

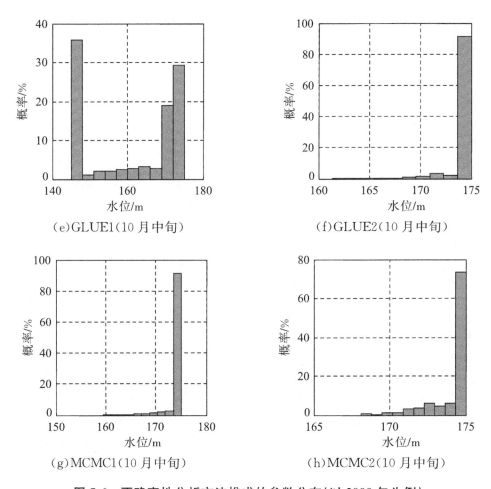

图 5-6　不确定性分析方法推求的参数分布(以 2000 年为例)

5.3.3.3　GLUE 和 MCMC 对比分析

作为两种常用的参数不确定性分析方法,GLUE 和 MCMC 均可有效地对水库线性调度规则参数进行不确定分析,并提供不确定性的区间估计。图 5-7 和图 5-8 分别展示了参数 a_i 和 b_i 的边缘分布,从图中可以看出,GULE2 方案的水位过程为均匀分布过程,不确定性较大,而 MCMC2 方案之前对参数的分布没有进行假定,因此可以提供更为广泛的分布过程,同时可以看出,最终水位运行过程较为集中,调度过程的不确定性较小。从图 5-5 中也可以发现相似的结论,因此可以认为 MCMC 方法优于 GLUE 方法。

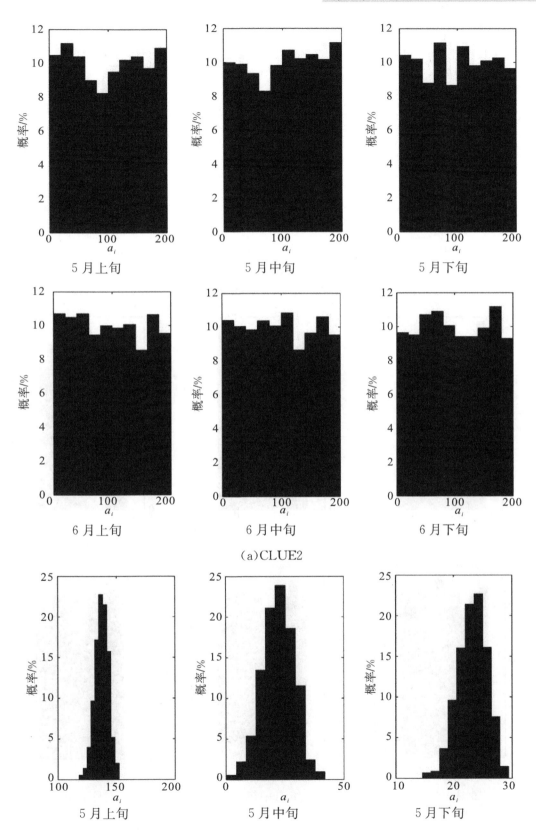

5 月上旬

5 月中旬

5 月下旬

6 月上旬

6 月中旬

6 月下旬

（a）CLUE2

5 月上旬

5 月中旬

5 月下旬

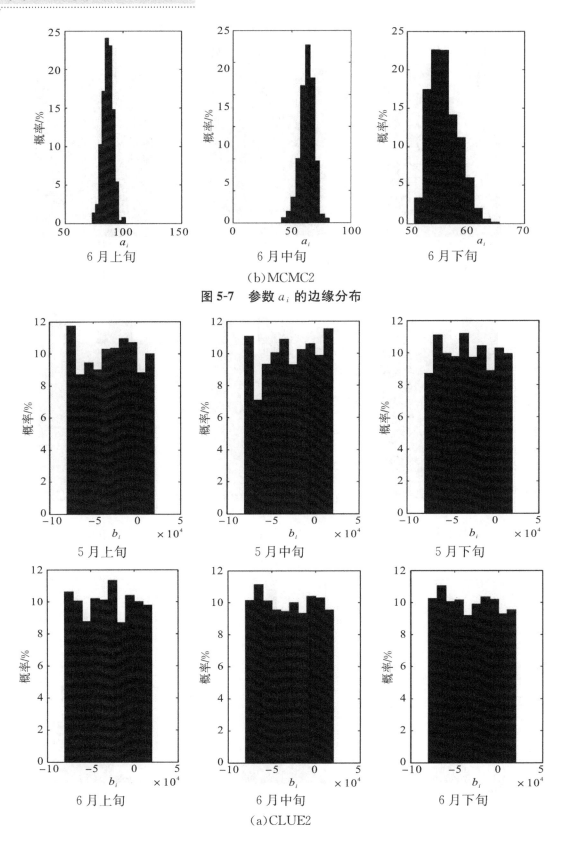

（b）MCMC2

图 5-7 参数 a_i 的边缘分布

（a）CLUE2

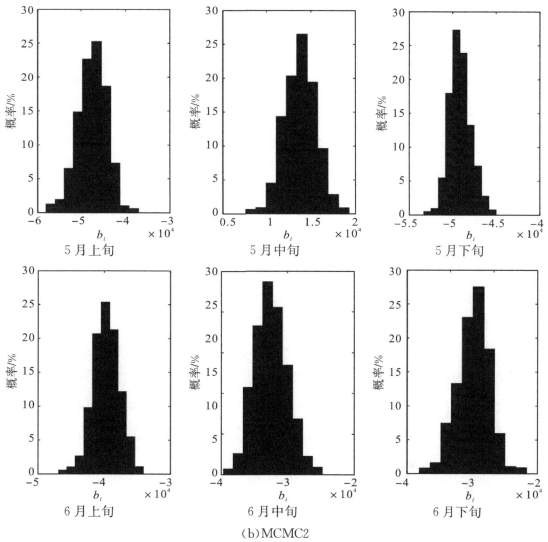

5 月上旬   5 月中旬   5 月下旬

6 月上旬   6 月中旬   6 月下旬

(b)MCMC2

图 5-8　参数 b_i 的边缘分布

对各旬参数绘制箱状图见图 5-9,可知在汛前消落期(每年 5—7 月)和汛末蓄水期(每年 9—10 月)参数不确定性相对于汛期较大,说明该时段参数具有较大的不确定性,是关键调度时期。因此,前文均以 5—7 月以及 10 月为例,开展不确定性分析是合理的。

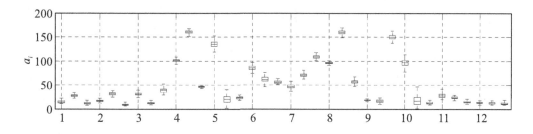

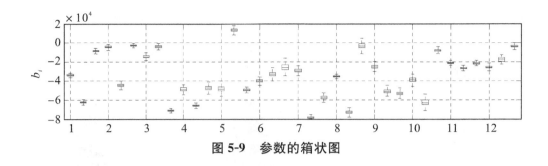

图 5-9　参数的箱状图

5.3.4　方法应用

综上,本章开展水库优化调度规则的不确定分析可以为决策者提供更多的替代选择,传统调度一般进行刚性决策,调度结果单一,但是本书实现了水库调度的柔性决策,该方法在实际应用中主要分为以下两个方面。

1)根据不确定性分析得出最优决策,使用不确定分析成果。图 5-10 分别展示了确定性最优调度方法和水库线性优化调度规则得出结果,以及通过不确定性分析(MCMC2)得出的中位数,从图中可以看出,通过采用水库优化调度规则的参数不确定性分析技术,得到的中位数或者分位数可以为实际调度提供替代选择,同时对结果的不确定性量化,经不确定性分析后的中值,更接近确定性最优结果,从而证实了水库不确定性调度的潜在实用性。

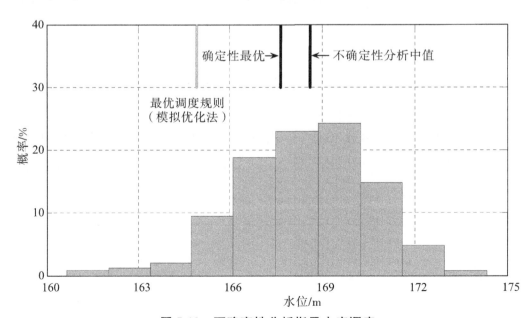

图 5-10　不确定性分析指导水库调度

2)通过水库优化调度规则参数的不确定性分析,可以得出不同调度时期,如汛期、非汛期、供水期以及蓄水期的参数敏感性大小。从图 5-4 可以看出,消落期和蓄水期的 90% 置信区间明显宽于汛期和供水期,表明在实际调度中,调度人员需要格外关注这些时段的调度过程,这与实际调度情况一致。同时图 5-8 各旬参数绘制箱状图也对该分析过程很好地进行了验证。

5.4 本章小结

借鉴流域水文模型的"异参同效"研究成果,视隐随机调度问题中的调度规则参数为具有概率分布特征的参数,视调度目标函数值为似然函数,采用贝叶斯方法估计最优调度轨迹的区间分布,开展水库调度的最优调度轨迹的等效性研究。研究结果表明,进行水库优化调度的"异轨同效"研究,可以估计最优调度轨迹区间,从而将传统调度的单点决策转变为区间决策,更符合调度操作实际。主要结论如下。

1)针对确定性水库优化调度问题,通过对参数的多组随机模拟,即不同的参数组合,最终得到的调度结果相同(近),从而证实"异轨同效"现象存在的可能性,为理论研究提供依据。

2)建立寻求最优调度轨迹或者最优调度规则的模拟模型,开展水库优化调度规则的不确定性相关研究,采用 LR、GLUE、MCMC 等不确定性分析方法推求最优调度轨迹的区间分布。

3)分别以似然函数最优拟合确定性优化调度轨迹和年均发电量最大为优化准则,结果表明,BS 方法要优于 LR 方法,年均发电量最大的优化准则要优于最优拟合确定性优化调度轨迹运行过程。

4)采用不确定分析技术可以帮助识别不同时期调度规则参数的不确定性大小,并且相对于常规的水库调度优化线性规则得到的调度结果,通过不确定分析方法得到的中位数更接近基于隐随机过程确定性优化调度结果,最终得到的调度区间可为实际调度提供更多的替代选择。

本章参考文献

[1] Liu P,Li L,Chen G,et al. Parameter uncertainty analysis of reservoir operating rules based on implicit stochastic optimization [J]. Journal of

Hydrology,2014,514:102-113.

［2］ 刘攀,郭生练,张越华,等. 水电站机组间最优负荷分配问题的多重解研究［J］. 水利学报,2010,41(5):601-607.

［3］ Liu P, Cai X, Guo S. Deriving multiple near-optimal solutions to deterministic reservoir operation problems ［J］. Water Resources Research, 2011,47(8):W08506.

［4］ Young G K. Finding reservoir operating rules［J］. Journal of the Hydraulics Division,1967,93(6):297-322.

［5］ Karamouz M, Houck M. Annual and monthly reservoir operating rules generated by deterministic optimization ［J］. Water Resources Research,1982, 18(5):1337-1344.

［6］ Koutsoyiannis D, Economou A. Evaluation of the parameterization-simulation-optimization approach for the control of reservoir systems ［J］. Water Resources Research,2003,39(6):1170.

［7］ Stedinger J R. The performance of LDR models for preliminary design and reservoir operation［J］. Water Resources Research,1984,20(2):215-224.

［8］ Wurbs R A. Reservoir-system simulation and optimization models［J］. Journal of Water Resources Planning and Management,1993,119(4):455-472.

［9］ Simonovic S. The implicit stochastic model for reservoir yield optimization［J］. Water Resources Research,1987,23(12):2159-2165.

［10］ Celeste A B, Billib M. Evaluation of stochastic reservoir operation optimization models［J］. Advances in Water Resources,2009,32(9):1429-1443.

［11］ Rani D, Moreira M M. Simulation-optimization modeling:a survey and potential application in reservoir systems operation［J］. Water Resources Management,2010,24(6):1107-1138.

［12］ Tilmant A, Pinte D, Goor Q. Assessing marginal water values in multipurpose multireservoir systems via stochastic programming［J］. Water Resources Research,2008,44(12):456-472.

［13］ Beven, K. J. , Binley, A. M. The future of distributed models:model calibration and uncertainty in prediction［J］. Hydrological Processes, 1992, 6

（3）：279-298.

［14］ Chib S, Greenberg E. Understanding the metropolis-hastings algorithm[J]. The american statistician, 1995, 49(4)：327-335.

［15］ Pappenberger F, Beven K J. Ignorance is bliss：Or seven reasons not to use uncertainty analysis ［J］. WaterResources Research，2006，42(5)：W05302.

［16］ Montanari A. What do we mean by 'uncertainty'? The need for a consistent wording about uncertainty assessment in hydrology[J]. Hydrological Processes, 2007, 21(6)：841-845.

［17］ Helsel D R, Hirsch R M. Statistical methods in water resources[M]. Reston：US Geological survey, 2002.

［18］ Wood E F, Rodríguez-Iturbe I. Bayesian inference and decision making for extreme hydrologic events[J]. Water Resources Research, 1975, 11(4)：533-542.

［19］ 黄伟军, 丁晶. 水文水资源系统贝叶斯分析现状与前景[J]. 水科学进展, 1994, 5(3)：242-247.

［20］ Thiemann M, Trosset M, Gupta H, et al. Bayesian recursive parameter estimation for hydrologic models[J]. Water Resources Research, 2001, 37(10)：2521-2535.

［21］ Bulygina N, Gupta H. How Bayesian data assimilation can be used to estimate the mathematical structure of a model[J]. Stochastic Environmental Research and Risk Assessment, 2010, 24(6)：925-937.

［22］ Yang J, Reichert P, Abbaspour K C, et al. Comparing uncertainty analysis techniques for a SWAT application to the Chaohe Basin in China[J]. Journal of Hydrology, 2008, 358(1)：1-23.

［23］ 张铭, 李承军, 张勇传. 贝叶斯概率水文预报系统在中长期径流预报中的应用[J]. 水科学进展, 2009, 20(1)：40-44.

［24］ Simonovic S. The implicit stochastic model for reservoir yield optimization[J]. WaterResources Research, 1987, 23(12)：2159-2165.

［25］ Liu P, Guo S, Xiong L, et al. Deriving reservoir refill operating rules by using the proposed DPNS model[J]. Water Resources Management,2006,20 (3):337-357.

[26] Liu P,Cai X,Guo S. Deriving multiple near-optimal solutions to deterministic reservoir operation problems[J]. Water Resources Research, 2011,47(8):W08506.

[27] Beven K,Freer J. Equifinality,data assimilation,and uncertainty estimation in mechanistic modelling of complex environmental systems using the GLUE methodology[J]. Journal ofHydrology,2001,249(1):11-29.

[28] Xiong L,Wan M,Wei X,et al. Indices for assessing the prediction bounds of hydrological models and application by generalised likelihood uncertainty estimation[J]. Hydrological Sciences Journal,2009,54(5):852-871.

第6章　结论和展望

6.1　结论

本书的主要研究目的是在开展梯级水库群优化调度规则提取的基础上,深入分析规则本身的不确定性,了解调度规则本身的机理。本书的选题主要依托于新世纪优秀人才支持计划"水库(群)调度规则的形式及合成研究"(NCET-11-0401)及"十一五"国家科技支撑计划项目"湖北省区域性巨型水库群经济运行关键技术研究与应用"之课题二"巨型水库群洪水资源调控关键技术研究"(2009BAC56B02),对湖北省内清江梯级和三峡梯级大型水电站群联合优化调度问题展开相关研究,开展了对冲规则在梯级发电水库调度的应用研究、降雨集合预报在水库优化调度中的应用研究、梯级水库群调度规则合成研究以及梯级水库调度规则的不确定性分析研究。得到的主要结论如下。

1)通过对供水规则中对冲规则应用的借鉴,将其应用于梯级水库群的发电计划制定和稳定运行当中。通过建立多目标水电站优化调度模型,根据能量形式确定发电限制规则的形式,最后使用多目标优化算法(NSGA-Ⅱ和PSO算法)对模型进行求解,采用评价指标体系来对调度过程及结果进行评价,以及在实际应用规则制定发电计划时考虑预报信息的误差。结果表明:①相对于常规调度方法,所设定的对冲规则能有效将常规方法发电量从72.65亿kW·h分别提高到74.99亿kW·h和75.68亿kW·h,梯级发电保证率分别提高到93.95%和94.48%,弃水率也显著降低。提取的优化调度规则能够有效地提高发电效益,避免水电站群长时间持续性破坏。②NSGA-Ⅱ与PSO方法相比,两者均能有效地处理多目标优化问题,较快地收敛到较满意的非劣解,通过分析发现,PSO方法稍优于NSGA-Ⅱ方法。

2)建立了考虑降雨集合预报信息的随机性梯级水库优化调度模型。选用三水源新安江模型进行清江流域径流预报,通过遗传算法对新安江模型的关键参数进行优选,用历史实测径流资料对三水源新安江模型进行率定,再将欧洲中期天气预报中心发布的降雨集合预报信息作为清江流域未来径流预报的信息输入,针对集合成员对暴雨信息预报偏小的情形,采用历史实测暴雨均值信息对集合成员预报数据进行修正,以此获得流域未来的径流集合预报结果。以流域未来降雨集合预报信息为基础,分别将径流集合预报的贝叶斯模型平均方法的合成值和区间值代入随机动态规划模型进行优化求解。最后对比分析采用不同径流信息的调度结果,可以得出:①1989—2002年的实测资料用于清江流域新安江模型的率定,2003—2006年的实测资料对模型进行检验。在清江的应用结果为:率定期的模型确定性系数为73.29%,径流总量相对误差是6.47%;在验证期的模型确定性系数是65.35%,径流总量相对误差是8.05%,2007—2015年51组预报径流形成的区间包含实测径流的总体覆盖率接近80%,在清江流域的模拟效果较好。②采用合成值和区间值得发电量均高于常规调度运行结果,表明考虑降雨集合预报信息的一定优越性;虽然采用集合预报可以降低一部分水文预报的不确定性,但是不确定性仍然存在,因此采用合成值和区间值决策同确定性过程相比,调度效果要差一些。③合成值运行结果稍优于区间值运行结果,这是因为ECMWF仅从2006年10月开始发布降雨集合预报数据,降雨集合预报资料相对较短,并没有完全覆盖丰平枯等代表年份,所以无法评价哪种降雨集合预报使用方式更优。

3)参照BMA模型在水文预报方面的应用,将该方法应用于梯级水库群的发电调度规则合成当中。开展以常规调度、确定性优化调度、人工神经网络以及遗传规划方法进行梯级水库群优化调度规则的合成研究,通过构建梯级水库群调度规则的合成模型,分别采用EM算法和MCMC算法对模型进行求解,确定各个水库调度规则在合成的调度规则中的权重和方差,最后采用合成的水库调度规则进行梯级水库群调度决策,并分析评价合成的调度规则的不确定性。通过分析研究可以得出:①针对现有水库发电调度技术一般只采用单一的调度规则,借鉴BMA在水文预报中的应用,开展了梯级水库群的发电调度规则合成研究。相对于任一组成规则,合成的调度规则效果在发电量和发电保证率上均表现出一定的优势。所提方法可以集合单个调度规则的优势,一定程度上提高梯级水库群的发电效益。②分别采用 EM 算法和 MCMC 算法对模型进行求解,通过对比分析发现,BMA-MCMC 规则模拟运行效果稍优于 BMA-EM 规则,也从一定程度上说明 EM 算法原理简单,便于操作,但难以全局收敛,得到最优解,MCMC 算法流程复杂,但计算任务繁重,但最后所得结果更为合理。③开展了合成调度规则的不确定性区间评价研究,合成的调度规则可以提供相对较优的决策和决策值的不确定性大小,为实际调度提供更多有用信息。

4)借鉴流域水文模型的"异参同效"研究成果,视隐随机调度问题中的调度规则参数为具有概率分布特征的参数,视调度目标函数值为似然函数,采用贝叶斯方法估计最优调度轨迹的区间分布,开展水库调度的最优调度轨迹的等效性研究。研究结果表明,进行水库优化调度的"异轨同效"研究,可以估计最优调度轨迹区间,从而将传统调度的单点决策转变为区间决策,更符合调度操作实际。通过分析研究可以得出:①针对确定性水库优化调度问题,通过对参数的多组随机模拟,即不同的参数组合,最终得到的调度结果相同(近),从而证实"异轨同效"现象存在的可能性,为理论研究提供依据。②建立寻求最优调度轨迹或者最优调度规则的模拟模型,开展水库优化调度规则的不确定性相关研究,采用 LR、GLUE、MCMC 等不确定性分析方法推求最优调度轨迹的区间分布。③分别采用以似然函数为最优拟合确定性优化调度轨迹和年均发电量最大为优化准则,结果表明,BS 方法要优于 LR 方法,年均发电量最大的优化准则要优于最优拟合确定性优化调度轨迹运行过程。④采用不确定分析技术可以帮助识别不同时期调度规则参数的不确定性大小,并且相对于常规的水库调度优化线性规则得到的调度结果,通过不确定分析方法得到的中位数更接近基于隐随机过程确定性优化调度结果,最终得到的调度区间可为实际调度提供更多的替代选择。

6.2 展望

由于混联水库群是一个复杂的大系统,到目前为止,大规模混联水电站的优化调度问题仍然没有得到很好的解决。同时使用不同方法理论得到调度规则如何运用到实际中,还需要一定时间进行探索。受时间、资料和能力的限制,还有许多问题需要做进一步的研究。

1)由于水库优化调度问题的复杂性,优化技术一直是水库优化调度研究中的重点和难点。近些年出现的智能优化技术在小规模的优化问题中取得了良好的效果,但对于复杂的大规模的优化调度问题,存在着计算耗时较长,在有限的时间内难以收敛至满意的解等缺点,而且由于智能算法、算子和参数众多,如何选择结合水库调度问题模型选择最佳的算子和参数,如何对智能优化算法进行改进以充分发挥其优势,提高其水库优化调度中解的质量和计算的效率,仍然需要开展深入研究。

2)目前,用于中长期发电计划编制和避免水电站持续性破坏的对冲规则是通过人为设定,同时求解时需要采用多目标人工智能算法,有些算法缺乏理论依据,需要进一步完善对冲规则在梯级发电水库的理论推导过程,结合数理统计方法推导对冲规则的解析解。

3)目前预报信息来源众多且精度较好,在中长期梯级水电站群调度中考虑降雨集合预报信息,可以有效地延长调度的预见期,增加梯级水库群调度的合理性。目前降雨集合预报信息可以提供众多信息,但是这些信息如何在实际调度中使用并没有统一的规范。应继续结合实际调度情形,探讨降雨集合预报信息在中长期梯级水库群调度的利用方式和方法。

4)目前单个水库的优化调度技术成熟,梯级水库群联合优化调度技术仍然有待进一步完善。目前我国已经形成十三大水电基地,有必要进一步开展梯级水库群的调度规则不确定分析研究,揭示规则内部的机理。